国家社科基金
GUOJIA SHEKE JIJIN HOUQI ZIZHU XIANGMU
后期资助项目

海外学者视野中的中国古代逻辑

Ancient Chinese Logic from the Perspective of Overseas Scholars

王加良　著

长江出版传媒｜湖北人民出版社

图书在版编目(CIP)数据

海外学者视野中的中国古代逻辑 / 王加良著.武汉 : 湖北人民出版社, 2024. 10.
ISBN 978-7-216-10882-9

Ⅰ. B81-092

中国国家版本馆CIP数据核字第2024NY8117号

责任编辑：田　晓
封面制作：董　昀
责任校对：范承勇
责任印制：蔡　琦

海外学者视野中的中国古代逻辑
HAIWAI XUEZHE SHIYEZHONG DE ZHONGGUO GUDAI LUOJI

出版发行：湖北人民出版社	**地址**：武汉市雄楚大道268号
印刷：武汉市籍缘印刷厂	**邮编**：430070
开本：787毫米×1092毫米　1/16	**印张**：13.25
字数：229千字	**插页**：3
版次：2024年10月第1版	**印次**：2024年10月第1次印刷
书号：ISBN 978-7-216-10882-9	**定价**：56.00元

本社网址：http://www.hbpp.com.cn
本社旗舰店：http://hbrmcbs.tmall.com
读者服务部电话：027-87679656
投诉举报电话：027-87679757
（图书如出现印装质量问题，由本社负责调换）

国家社科基金后期资助项目
出版说明

后期资助项目是国家社科基金设立的一类重要项目，旨在鼓励广大社科研究者潜心治学，支持基础研究多出优秀成果。它是经过严格评审，从接近完成的科研成果中遴选立项的。为扩大后期资助项目的影响，更好地推动学术发展，促进成果转化，全国哲学社会科学工作办公室按照“统一设计、统一标识、统一版式、形成系列”的总体要求，组织出版国家社科基金后期资助项目成果。

全国哲学社会科学工作办公室

目　录

导　言

自西汉以后的两千多年的时间里，中国各朝代的学者由于各种不同的原因，缺乏对先秦逻辑思想的深入研究和探讨。这也造成了对中国逻辑思想的独特理论价值缺乏客观的认识，更不用说客观的评价了。随着第二次西学东渐，西方逻辑思想传入中国，越来越多的中国学者开始关注中国的逻辑思想。部分原因在于中国学者想证明中国像西方一样，具有自己的逻辑传统。他们或者从西方逻辑，或者是从西方分析哲学的视角来分析中国古代逻辑思想，中国古代逻辑思想被中国学者重新挖掘，大量关于中国古代逻辑思想的研究成果出现。在这一过程中，出现了一些英文文献，如1922年，胡适发表了重要的中国逻辑著作《先秦名学史》(*the Development of the Logical Method in Ancient China*)。在这本书中，胡适从西方逻辑学的视角分析了墨家的逻辑思想，并首次采用了“逻辑”这个语词，但胡适把墨子学说生硬地解释为“实用主义”，将名家列为别墨。成中英的《中国传统逻辑探析》(*Inquiries into Classical Chinese Logic*，1965)尝试构建中国古代逻辑思想的整体研究框架，从现代分析哲学的角度分析中国古代逻辑。这些英文文献对西方了解中国逻辑起到了很好的助推作用。

纵观西方哲学史，不难发现，西方的哲学思想家喜欢从“语言”这个源头展开分析和研究，研究语言与世界的关系以及语言或词语的意义。这种过分强调语言分析的研究偏好，在海外学者研究中国思想的著作中也体现得很明显。例如，在海外，尤其是欧洲，人们对古汉语语法的兴趣由来已久，讨论也较多。最早介绍古汉语的文献可能是1703年传教士弗朗西斯科·瓦罗(Francisco Varo)撰写的《国语艺术》(*Arte de la lengua mandarina*)，而拜耳(T. S. Bayer)的《汉语博览》(*Museum Sinicum*)是欧洲出版的第一本关于汉语语法的著作。进入19世纪后，中国古代语言渐渐得到海外学者的关注，在这个研究过程中，威廉·冯·洪堡(Wilhelm von Humboldt)的《中国特色语言》(1827)也许是对中国语言提出的哲学和一般语言学问题的最好的介绍。在此之后，许多传统的德国语言哲学家，继续探讨汉语的结构对于语言哲学的重要性，如斯坦塔尔（H. Steinthal）的《人类语言的主要类型特征》（*Charakteristik derhauptsächlichen Typen des menschlichen Sprachbaues*）、传教士马歇尔（J. Marshman）的《中国语法要素》（*Elements of Chinese Grammar*，1814）、莫里森（R. Morrison）的《汉语语法》（*A Grammar of the Chinese Language*）。

当然，也有些早期的海外学者认为古汉语没有语法，如贾尔斯（Giles，Herbert A.）、莱顿大学的古斯塔夫·施莱格尔（Gustave Schlegel）、德国哲学家弗里德里希·谢林等学者就持有这种观点。同时，海外学者还讨论了汉语的语音、汉字以及中国语言是否适合科学研究等问题。这一时期的海外学者一般认为古汉语没有标点符号，缺少曲折变化，缺少像印欧语系中清楚地引用惯例以区分一个表达式的使用和表述，同时，其单复数和时态的区分也不明显，没有按照一系列的规定形成体系，然后用这些体系把各个要素串联起来，因此，在抽象与语义之间的对应上存在含混不清的情况。

与对古汉语这种语言的关注不同，中国的逻辑很晚才引起海外学者的注意。在董仲舒提出“独尊儒术，罢黜百家”的思想之后，儒家思想成为正统思想，儒家学说在中国得到了充分的发展，也成为中国的哲学根基，中国也因此被海外学者认为是一个以儒家思想为主的国家。显然，在儒家思想中，逻辑并没有充分发挥作用，中国逻辑思想主要存在于墨家学说，尤其是后期墨家的学说之中。中国语言人工性的特质引起了莱布尼茨等早期逻辑学家的好奇心，因为莱布尼茨曾指出：我将作出一种通用代数，在其中一切推理的正确性将化归于计算。[①]他认为大量的人类推理可以被归约为某类运算，除却事实的错误之外，所有的错误只能是由于计算失误导致的。对于中国是否存在逻辑的问题，莱布尼茨认为中国古代没有逻辑、批判性思维和数学，汉语的表述也是不明确的，因此，无法实现他的哲学数学化的思想。

西方关于逻辑史方面的著作很多，但是对于“中国逻辑”的论述却很少。从早期西方逻辑史的著作看，莱布尼茨之后的逻辑学家都不了解中国的逻辑思想。形式逻辑史学家波亨斯基（Bochenski）在他的《形式逻辑》（*Formale Logik*，1956）一书中用一个极其简短的章节介绍了印度逻辑思想，但是完全忽视了中国逻辑思想；威廉·涅尔和玛莎·涅尔著名的逻辑史著作《逻辑的发展》（*The Development of Logic*，1962）中也完全没有涉及中国的逻辑思想。实际上，在很长一段时间里，海外学者对中国逻辑的认识是存在不足的，他们一般认为中国没有逻辑，如德国著名哲学家、逻辑学家黑格尔就对

① 莫绍揆：《数理逻辑初步》，上海：上海人民出版社1980年版，第9页。

中国逻辑的存在持否定态度。值得注意的是,并不是所有的海外学者都认为中国没有逻辑,如法国哲学家、心理学家泰·齐亨在他的《逻辑教程》的"逻辑通史"中就表示:就我们所知,中国的哲学书籍似乎完全忽略了逻辑学和认识论,只是老子——生活于孔子前大约五十年——所创立的道家哲学(道≈逻各斯)据说是含有一些逻辑学的和认识论的命题。[①]显然,这种认识在我们今天看来并不完全正确,但却有着重要的积极意义,至少说明海外学者对中国逻辑的认识逐渐开始发生改变。国外学者关注中国逻辑的存在,要从《新英国百科全书》中的"东方逻辑"一章开始,该章中出现了"中国逻辑"一节,尽管对"中国逻辑"的解释很少,但却标志着海外学者对中国逻辑的初步认同。

进入20世纪后,这种现象已经有了改变,少数的海外学者开始关注中国逻辑。早期有阿尔弗雷德·福克(Alfred Forke)的《中国诡辩家》(*The Chinese Sophists*,1902)和《墨子的社会伦理思想及其学生哲学著作》(1922),《中国诡辩家》主要介绍了邓析、惠子和公孙龙的悖论。同时,马森—奥塞尔(P. Masson—Oursel)的《比较逻辑研究》(*Etudes de Logique Comparée*,1918)则主要介绍了中国的各种推理形式。亨利·马斯佩罗(Henri Maspero)的《墨子及其学派的逻辑注释》(*Notes sur la logique de Mo—tseu et de son école*,1928)从语言学的视角解释了墨家的逻辑。从逻辑史的视角看,这也预示着中国逻辑开始在西方传播,他们三个人的学术著作开创了海外学者研究中国逻辑的新领域。需要注意的是,他们的研究局限在海外学者内部的小圈子里,很难引起西方主流逻辑学界的注意。但是,他们的这种开创性的工作对于海外学者了解中国逻辑,无疑是及其重要的。

进入20世纪60年代,尽管中国逻辑在西方书写的逻辑史中没有留下印迹,但事实上,海外学者对中国逻辑传统的解读已经开始发生转向,研究者也越来越多。他们的研究已经从粗浅的、一般性的、导读式的介绍发展为深入的、逻辑史意义上的解释。亚努什·奇米耶夫斯基(Janusz Chmielewski)的《中国早期逻辑注释1至8》(*Notes on Early Chinese Logic 1 to VIII*,1962—1969)首次尝试研究中国经典文本中形式逻辑的使用。唐纳德·莱斯利(Donald Leslie)的许多论文也进行了同样的研究。

迈克尔·普特(Michael Puett)在《成为神:早期中国的宇宙学、牺牲和自我神化》一书中,对汉学领域的方法论做了一个非常简短但却非常深刻的历史概述:"人们看到,在20世纪关于中国思想的讨论中,有两种关注会反复

① 〔法〕泰·齐亨:《逻辑史选译》,北京:生活·读书·新知三联书店,1961年版,第15页。

出现：一种关注通过理性的进化发展来比较中国和西方，另一种关注通过对比他们所谓的独特的宇宙观来比较中国和西方……这两种模式是相互对立的。事实上，这已成为研究早期中国思想和宗教的学术发展的两个基本极点。"①也就是说，逻辑学是中西比较研究中令人关注的内容之一。

尽管上述学术著作对于西方了解中国逻辑起到了重要作用，但是，也存在一定的问题。正如何莫邪(Harbsmeier, Christoph)所指出的："所有这些关于中国逻辑的早期分析工作的问题是，中国文本的形式太糟糕，无法得到正确的解释，来源太不可靠，年代也太过时。在取得任何重大进展之前，这个问题必须先解决。"②

葛瑞汉(Graham, A. C.)的研究成果解决了这个语言学上的挑战问题，他在他的重要著作《后期墨家的逻辑、伦理和科学》(*Later Mohist Logic Ethics and Science*, 1978)中建立并阐释了中国逻辑的主要来源。何莫邪认为："如果没有葛瑞汉对中国逻辑研究的开创性贡献，就不可能有今天的语言与逻辑研究。"③

从研究特点看，葛瑞汉的研究范式偏向于文本和语言的解读。这一研究范式对海外学者的影响是巨大的，在葛瑞汉之后，很多海外学者沿用了这一研究范式。从现有的文献看，这一研究范式又分为三种不同的研究偏好：第一种就是以葛瑞汉为代表的文本分析的思路，如何莫邪的《中国传统的逻辑与语言》(*Logic and Language in Traditional China*, 1998)从语言学的视角分析了中国逻辑的基础；第二种是注重对中国逻辑文献进行综述研究，如伊恩·约翰斯顿(Ian Johnston)的《〈公孙龙子〉：翻译及其与后期墨家著作的关系分析》(*The Gongsun Longzi: A translation and an analysis of its relationship to later Mohist writings*, 2004)；第三种是注重英汉互译，如马克斯·佩勒伯格(Max Perleberg)的《〈公孙龙子〉：汉语原文的平行翻译、评注、注释、标点和直译、中文注释、序言和索引》(*The Works of Kung—Sun Lung—Tzu: with a translation from the parallel Chinese original text, critical and exegetical notes, punctuation and literal translation, the Chinese commentary, prolegomena, and index*, 1973)。

最近几十年，海外学者对于中国逻辑的研究有了新的研究范式。他们

---

① Puett, Michael: *To become a god: Cosmology, Sacrifice, and Self-Divinization in Early China*, Harvard University Asia Centre for the Harvard Yenching Institute, Cambridge (Mass), 2002, p.7.

②③ Harbsmeier, Christoph: *Logic and Language in Traditional China*, Cambridge University Press, 1998, p.22.

不再单纯地注重语言以及古汉语的语法的分析,而是开始注重中国古文献文本和相关学者之间的联系,侧重于从哲学的视角分析中国逻辑。这种研究范式的转变预示着海外学者对中国逻辑的研究比之前的研究更为深入和专业。陈汉生(Hansen, Chad)的《中国古代的语言和逻辑》就用西方语言哲学,特别是解释学的方法来分析中国古代的哲学著作,用中西思想比较的方法来研究中国古代的语言和逻辑。他描述了中国西汉时期语言与逻辑的特殊特征,声称"中国哲学家根本没有真的概念"[①]。蒂埃里·卢卡斯(Lucas, Thierry)在《惠施与公孙龙:一种来自现代逻辑的进路》("Hui Shih and Kung Sun Lung An Approach from Contemporary Logic",1993)一文中,从逻辑哲学的研究视角讨论了惠施的十个命题和公孙龙的《白马论》《坚白论》《指物论》。他认为强调概念在逻辑意义上的重要性,有助于我们厘清惠施十大命题和《公孙龙子》三篇论述中呈现出的共同结构,也有助于澄清"正名"等难以捉摸的概念。伯纳德·所罗门(Bernard S.Solomon)在《论中国古代名家》(*On the School of Names in Ancient China*,2012)这本著作中,与蒂埃里·卢卡斯一样,也从逻辑哲学的视角重点分析了惠施和公孙龙的著作,包括惠施的十个"悖论"(命题)。与蒂埃里·卢卡斯不一样的是,伯纳德·所罗门除了公孙龙的《白马论》《坚白论》《指物论》以外,还讨论了公孙龙的《通变论》和《名实论》。另外,伯纳德·所罗门的《论中国古代名家》还从语言视角切入哲学问题,讨论了惠施和公孙龙的哲学问题,这反映了当代海外学者研究中国"名家"思想的新成果。

有些学者则从哲学论题的视角分析中国逻辑,如方克涛(Chris Fraser)的《墨子哲学:第一个结果论者》(*The Philosophy of the Mòzǐ: The First Consequentialists*,2016)。

在最近二十年,海外学者对于中国逻辑的研究中还出现了一个新的研究范式,那就是越来越重视对中国古典文献的解读,并尝试用西方哲学思维对中国逻辑进行重构。代表著作有迈克尔·拉克纳(Michael Lackner)编写的论文集《新观念的新语词:中国晚期的西方知识与词汇变迁》(*New terms for new ideas: Western knowledge and lexical change in late imperial China*,2001)。顾有信(Joachim Kurtz)的《中国逻辑的发现》(*The Discovery of Chinese Logic*,2011)分析了中国逻辑的发现,并将其作为对中国知识遗产解释的认知转变的范例,它重构了现代话语的跨文化谱系。美国学者郝大维与

---

① Hansen, Chad:"Chinese Language, Chinese Philosophy, and 'Truth'",*Journal of Asian Studies* 44, no,3,1985,p.49.

安乐哲(David L. Hall 和 Roger T. Ames)合著了《汉哲学思维的文化探源》(*Thinking from the Han. Self, Truth, and Transcendence in Chinese and Western Culture*,1998),他们用实用主义和历史决定论的方法,详细分析了汉代在综合和编纂为主导的中国文化方面的重要性,并且没有把历史主义传统简化为理论或者概念术语(如客观性、严格同一性或超越性)。

虽然说海外学者研究偏好并不一致,因此研究范式也不同,有的偏重文本互译,有的偏重语言哲学,有的偏重逻辑哲学等,但是,在研究内容上,海外学者的研究范围基本上是固定的。他们基本围绕"古汉语""古汉语的逻辑特征""中国古代逻辑概念""中国古代逻辑应用"和"中国古代逻辑理论"这五个方面进行研究。本书以海外学者的相关文献为研究基点,围绕海外学者的上述五个研究偏好展开相关资料的搜集、整理与分析,在此基础上讨论海外学者对中国逻辑思想研究的特点及存在的问题。

第一章我们从文言文语法、文言文语音、文言汉字,以及文言文是否有利于科学研究四个方面讨论海外学者视野下的中国古代汉语。古代书面汉语一般被称为文言文,文言是指我国先秦时代(春秋战国时期)以口头语言为基础形成的一种书面语言,它脱胎于古口语,写法简练精致。作为中国古代逻辑载体的古汉语,显然与中国古代逻辑有着密不可分的关系,但是,古汉语的表达形式是否有利于表述逻辑,海外学者有着不同的理解。

对于中国古代是否有逻辑的问题,海外学者众说纷纭。对此,海外学者从古汉语是否具有逻辑特征的视角进行了详细的分析。第二章我们首先讨论古汉语中是否存在"并非""蕴涵""析取""合取"等逻辑联结词,然后讨论古汉语中的逻辑量词问题,最后讨论古汉语的语法与逻辑的关系问题。

概念是反映对象本质属性的思维形式,是人们所要认识、思考的所有事物。它既包括自然界的现象,又包括社会中的现象,还包括人们自身的感觉。概念与语词有着极为密切的关系,所有的概念必须通过语词来表达,即语词是概念表达的语言形式,而概念是语词的反映的思想内容。概念也是人类思维体系中最基本的构筑单位。中国古代有句子的逻辑连接词以及句子的概念,但是,他们有逻辑概念吗?海外学者从"真"概念、"必然性"概念、"类"概念、"矛盾"概念、"属性"概念、"包含"概念、"法"概念以及"故"概念八个方面讨论了中国逻辑。第三章中,我们也从这八个方面对海外学者的相关论述进行了梳理和探讨。

逻辑学是研究推理论证的科学。逻辑学既是研究最一般推理规则的纯逻辑,也是研究特定领域或范围内的推理规则的应用逻辑。西方逻辑是研究推理一般规则的纯逻辑。中国古代逻辑主要研究“名”“辞”“说”，这不同于对一般推理规则的研究，主要是一种逻辑的应用即应用逻辑。中国古代文献对逻辑的应用极其广泛和丰富，《诗经》《道德经》《黄帝内经》《战国策》《晏子春秋》《荀子》等著作中都体现了对推理论证运用的高度自觉意识。这显然不同于偶然、无意识的逻辑应用，凸显了中国应用逻辑的特点。海外学者也关注到了中国古代逻辑的这一特质，对中国逻辑的应用进行了详细论证。海外学者的研究主要集中在中国古代的论辩内容和中国古代的论辩形式。因此，我们在第四章主要从中国古代的论辩内容和中国古代的论辩形式两个方面来分析海外学者关于中国逻辑应用的问题。

先秦时期各种思想流派自由辩论，形成了儒、墨、名、法、道等不同的学派。在百家争鸣的过程中，有些学派对“名实”“正名”以及论辩术进行了讨论，形成了自己的学术观点，如邓析的“两可之说”的名辩思想、惠施探讨名实关系的“合同异”思想、公孙龙的“白马非马”和“离坚白”观点、荀子的“正名”思想、后期墨家的“名”“辞”“说”，因此，先秦时期可以说是中国古代逻辑发展的鼎盛时期。第五章我们主要探讨海外学者对邓析、惠施、公孙龙、荀子以及后期墨家的逻辑理论的研究。

与国内中国逻辑思想研究相比，海外学界从一开始就突破单纯以西方逻辑为框架的模式，采用了各种不同的方法，其中就有文本解释、文本考证、历史分析、逻辑分析、比较研究等常用方法，也有语言哲学、逻辑哲学等较为新颖的方法。与中国近代学者的研究相比，他们更注重文本的考证与解释，这样就会更接近文本的原意。当然，海外学者对于中国逻辑的研究也存在一些问题：一是用“印欧语系”标准来评价古汉语；二是古汉语翻译的“形似，而神不似”问题；三是“推类”的理解偏差问题；四是没有基于中国传统思维理解中国逻辑的问题。尽管他们的一些观点存在认识上的不足，但总体来说，他们已经把握了中国古代逻辑的特质。我们在第六章中主要讨论海外学者研究中国逻辑的特点与问题。

在研究内容上，本书的创新点在于对海外学者研究中国逻辑的成果进行系统的分析和研究，厘清了海外学者研究中国逻辑的基本思路，突破了研究海外学者中国逻辑研究成果的“碎片化”问题，拓展了分析问题的视野和思路。在学术观点上，本书的创新点在于指出海外学者研究中国逻辑存在两个问题：一是海外学者不能把中国逻辑思想简单二分为语文学问题与哲学问题，因为在中国传统文化中，哲学理解和语文学是紧密相关的；二是海外学者比较注重对中国逻辑文献资料的梳理，却不太注重对中国逻辑的理论问题的思考,文献梳理与理论问题的探讨应该是一体的。

在研究方法上,本书的创新点在于:一是以问题和主题为中心。海外学者的中国逻辑思想的研究要有问题意识,不能套用简单的分析思路,本书采用了问题与主题相结合的方法。二是运用符合中国传统思维的研究方法。海外学者的中国逻辑思想的研究要考虑逻辑恰当性问题,本书以已有海外学者的中国逻辑思想研究成果为基础,结合中国传统思维进行系统分析。

第一章　海外学者视野中的古汉语

在汉语的文字系统中，汉字是一种表意文字，字形和字义有统一关系，这与表音文字不同，汉语需要非常多的概念来表达语词之间的细微差别。我们发现，在中国古代文献中有很多表达否定的字，《诗经》里面就有十多个表达否定的字："不""无""否""非""勿""莫""亡""毋""弗""彼""匪""罔""靡"等。当然，这还只是单独表达否定的字。古汉语的这一属性是中国逻辑的鲜明特色，由此，中国逻辑形成了重视名辩析辞、注重论辩的实质分析的特点。中国古代的论辩统称为"名学"。古汉语的这一特点在其他语言中是罕见的，这也引起了海外学者对古汉语的兴趣和关注。

汉语包含口语和书面语两部分。古代书面汉语一般被称为文言文，文言是与白话相对而言的。文言是以我国先秦时代(春秋战国时期)的口头语言为基础而形成的一种书面语言，它脱胎于古口语，写法简练精致。现代书面汉语则被称为白话文，以现代标准汉语为规范。现代汉语把词区分为限定和非限定、单数和复数，这些区分已经非常接近于英语，但古汉语完全不同于英语。为什么要研究文言文？研究文言文对于理解中国思想有什么重要的意义？关于这些问题，何莫邪给出了一个答案，他指出：

> 由于文言文为后来的中国思想定义了很大一部分基本的语言和逻辑概念框架，因此值得我们特别注意。①

作为中国古代逻辑的载体的古汉语，显然与中国古代逻辑有着密不可分的关系。中国古代汉语是完全独立于印欧语系传统的，同时，它为华夫假说(Whoff's hypothesis)提供了完美的个案考察。华夫假说认为：一种文化

---

① Harbsmeier, Christoph: *Logic and Language in Traditional China*, Cambridge University Press, 1998, p.31.

的思想受其语言结构的指引与制约。[①]那么,古汉语的表达形式是否有利于表述逻辑?对此海外学者有着不同的理解。研究中国逻辑的西方先驱学者之一,亚努什·奇米耶夫斯基认为:

> 长期以来,汉学家们普遍认为,汉语的语言结构在很大程度上解释了中国哲学的"逻辑欠发达",特别是逻辑作为一门独特的哲学学科的缺失。[②]

显然,海外学者的这个结论是基于直觉,是有问题的。文言文肯定不像符号语言,更谈不上文言文接近符号逻辑,因为没有一种自然语言是这样的。与印欧语系相比,作为一种独立语言的古汉语,它们从构造上是没有优劣之分的。我们无法说明为什么有些语言在逻辑上没有其他语言透明,也没有任何理由认为所有语言在逻辑复杂性的表现上都应该是同样强大的。因此,亚努什·奇米耶夫斯基认为海外学者的这种观点是不合理的,他经过深思熟虑得出的结论是,古汉语不但不会影响逻辑,而且有利于表述逻辑思想:

> 早期汉语词汇音节单一、词形变化少、语法分类不清(尤其是名词和动词的区分不清晰)等特点,对汉语的隐性逻辑几乎没有任何负面影响。事实上,它们对这种逻辑是有益而非有害的,因为它们使汉语成为比任何印欧语系语言更接近现代逻辑的符号语言。[③]

当然,古汉语是音形义的结合体,海外学者对于这一点是没有任何疑义,能形成共识的。因此,海外学者从文言文的语法、语音、汉字以及文言文是否适合科学研究四个方面探讨了文言文和中国古代逻辑的关系。本章从文言文语法、文言文语音、文言汉字以及文言文是否有利于科学研究四个方面讨论海外学者视野下的中国古代汉语。

第一节 海外学者视野中的文言文语法

相比于中国古代的逻辑思想,海外学者对古汉语的关注较早。最早的

---

① 〔英〕葛瑞汉:《论道者:中国古代哲学论辩》,张海宴译,北京:中国社会科学出版社2003年版,第444页。

②③ Chmielewski, Janusz: *Notes on Early Chinese Logic*, *RO*, Part tv,1969,p.103.

关于古汉语介绍的文献是1703年传教士弗朗西斯科·瓦罗撰写的《国语艺术》。这本书最早是在中国的广东出版，该书完全以音译为基础来介绍汉语，但令人遗憾的是，大多数欧洲学者无法接触到这本书。拜耳的《汉语博览》是欧洲出版的第一本关于汉语语法的著作。

进入19世纪后，中国古代语言渐渐得到海外学者的关注，在这一过程中，威廉·冯·洪堡的《中国特色语言》也许是对中国语言提出的哲学和一般语言学问题的最好的介绍。在此之后，许多传统的德国语言哲学家，继续探讨汉语的结构对于语言哲学的重要性。斯坦塔尔就指出："中国语言的表述方式和效果之间的对比，在语言历史上呈现出一种相当独特的现象。"①此后，更多的海外学者开始关注中国古汉语的语法问题，如传教士马歇尔的《中国语法要素》，莫里森(R. Morrison)的《汉语语法》。

一般认为，语法是语言学的一个分支，主要研究按确定用法来运用的词类、词的曲折变化或表示相互关系的其他手段，以及词在句中的功能和关系。尽管19世纪的海外学者在中国古汉语研究上取得了巨大成就，但即使是最优秀的海外学者也仍然坚信，古文言文没有语法可说。贾尔斯在其杰出著作《汉英词典》第一版的序言中就提倡这一观点。②莱顿大学的古斯塔夫·施莱格尔也持有这种观点："古斯塔夫·施莱格尔不是最好的汉学家。然而，当他建议他的学生忘记他们的语法，他还是有一点理智的……我们越早忘记语法，我们的头脑就会越快恢复正常。"③葛瑞汉也提出类似的观点：直到20世纪的中叶，人们才广泛假定，古汉语没有词类，并且除了词序外没有语法，颇不同于英文。④葛瑞汉也意识到物主代词的主语标志的不是一个句子而是名词性从句，汉语的字词似乎没有句法限制的机动性，但是既能做名词又能做动词的"教"这类动词的作用也完全不同于只能做名词的"师"这类词，并且注意到齐科斯基(Cikoski)和何莫已经朝着划分主动格和中性动词以及可数、普通和物质名词迈出第一步。⑤

德国哲学家弗里德里希·谢林则表达了对汉语奇怪之处的一种情感和

---

① Steinthal, H.: *Charakteristik derhauptsächlichen Typen des menschlichen Sprachbaues*, E Dummler, Berlin, 1860, p.137

② Giles, Herbert A.: *A Chinese—English Dictionary*, Quaritch, London, and Kelly and Walsh, Shanghai, Hong Kong, Yokohama and Singapore, 1892, p. x—xii.

③ Fang, Achilles: "Some Reflections on the Difficulty of Translation", In A.F.: *Wright, Studies in Chinese Thought*, ed.University of Chicago Press, Chicago, 1953, p. 282.

④⑤ 〔英〕葛瑞汉：《论道者：中国古代哲学论辩》，张海宴译，北京：中国社会科学出版社2003年版，第446页。

哲学反应:“汉语对我们来说就像来自另一个世界的语言。如果要给语言下一个定义,根据这个定义,所有其他习语都被称为语言,那么就必须承认,汉语根本不是一种语言,正如中国人不是一个民族一样。”[①]

拉丁语分为古典拉丁语(Latina Classica)和通俗拉丁语(Sermo Vulgaris)。古典拉丁语是古罗马的官方语言,在恺撒和西塞罗的时代成熟。拉丁语后来逐渐分化为法语、西班牙语、葡萄牙语、意大利语、罗马尼亚语等,同时对英语也产生了相当大的影响。对于中国古汉语能否还原为拉丁语法系统,普瑞麦耶(De Prémare)认为这是不可能的:“我决不想把汉语简化成我们的语言。”[②]对于中国古汉语的形态和句法,约翰·韦伯(John Webb)在《历史论文:论中华帝国的语言是原始语言的可能性》中指出:

> 中国人从来不会像其他民族那样,为他们任何词的派生寻找基数而感到厌烦,但基数就是词,词就是基数……此外,它们不受各种变格、变位、数、性别、语气、时态等语法细节的困扰,而且完全摆脱了所有这些令人困惑的意外,除了自然之光(the light of nature)所指示的规则外,它们没有其他规则使用。因此,他们的语言就像自然语言一样简单明了。[③]

古汉语没有标点符号,缺少曲折变化,缺少像英语中清楚地引用惯例以区分一个表达式的使用和表述,同时,其单复数和时态的区分也不明显,没有按照一系列的规定形成体系,因此没有一个清晰的逻辑去串联一系列的符号,在抽象与语义之间的对应上存在含混不清的情况。所以,日本学者中村元(Hajime Nakamura)认为古代汉语语法与英语语法存在巨大差异:

> 中国思想语言表达的非逻辑性,当然与汉语的特点密切相关。西方语言中与介词、连词、关系代词相对应的词是非常少见的。单数和复数没有区别。单个字符可以表示“一个人、几个人或人类”(un homme、quelques hommes or humanite)。动词的时态和语气的表达没有固定

---

① Harbsmeier, Christoph: *Logic and Language in Traditional China*, Cambridge University Press, 1998, p.18.

② Lundbaek, Kund: “*Une grammaire espagnole de la langue chinoise au xviie siècle*”, In Actes du *He colloque international de sinologie*, Paris, 1980, p.269.

③ Webb, John (1669): *An Historical Essay Endeavouring a Probability That the Language of the Empire of China is the Primitive Language*, N. Brook, London. 2nd ed. 1678, p.192.

的、确定的形式。没有案例，一个词可以是名词、形容词或动词。①

什么是语序？一般认为语序是语言里语素、词组合的次序，包括主语、谓语和宾语的排列顺序，修饰语与中心语的排列顺序，修饰语之间的排列顺序。那么，作为一种语言，文言文是否有语序呢？对于古汉语的语序问题，何莫邪认为古汉语的语序是固定的，而不是自由的：

汉语的语序主要遵循“邻接原则”，即一个句子的任何组成部分都不倾向于修饰不紧邻它的任何其他组成部分。②

陈汉生认为汉语语句的主语在书面语言中经常不表达出来，语句顺序的区别主要在于字符的顺序，中国语义学家没有清晰的作为语法结构的语句概念：

他们把辞仅定义为一串名称。字符的顺序产生差别这是清楚的。他们的语义学中没有任何理论阐述什么功能成分包含于语句之中，也不使用语义真理概念——语句间的语义关联。中国语义学家简单地把形容词和名词拼凑在一起，组成表达式，指称实在的一部分。③

什么是词类？词类是按照词在结构中能起的作用，即词的句法功能分的类。语言里有许许多多的词，他们是构造句子的基本元素。我们所说的每一句话，都是由它们组成的。各种不同的构造在句子中的作用并不相同。汉语中是否存在词类的问题，是一个重要的语法问题，海外学者对这个问题的关注较多。他们的观点大致分为两类：一类认为古文言文没有词类，另一类认为古汉语有词类，因为从词汇的角度来看，古汉语词汇确实在语法上有所不同，但汉语的词类采取了灵活的功能偏好的形式，而不是像俄语或希腊语那样更严格的语法特殊化。洪堡就认为古文言文没有词类：

所有的汉语单词，即使在一个句子中连在一起，也处于一种绝对状

---

① Hajime Nakamura: *The Ways of Thinking of Eastern Peoples*, Tokyo• Japanese National Commission for UNESCO, Tokyo Japanese Government Publica-tions, 1960, p.177.

② Harbsmeier, Christoph: *Logic and Language in Traditional China*, Cambridge University Press, 1998, p.28.

③〔美〕陈汉生：《中国古代的语言和逻辑》，周云之等译，北京：社会科学文献出版社，1998年版，第54页。

态，它们与梵语的词根相似。[①]

尽管如此，我仍然认为，在我看来，汉语与其说是被忽视，不如说是忽略了语法范畴的标记。[②]

亨利·马斯佩罗也指出，当我们翻译或解释汉语时，我们会说有些词是动词，有些是名词，有些是形容词，等等，但这是因为我们不可能在不立即赋予它们名词和动词值的情况下思考我们的法语单词，我们给汉语单词赋予了它们所没有的独特功能，但是：

汉语单词既不是名词也不是动词，而是一种无差别的东西，既不整洁，又可以根据情况在句子中建立各种关系，因此我们的语言迫使我们将它们分为名词和动词，而在汉语中，它们仍然是模糊的。这并不意味着这些单词没有确切的含义，而是意味着它不会被困在我们的语法框架中。[③]

句法，作为语法的一部分，它根据被研究语言的固定用法论述表语、修饰语和其他词的关系以及句子的结构方式，表示其在句子中相互关系的词形式的排列。对于古汉语的词类和句法问题，保罗·德米维尔(Paul Demiéville)认为词的类别只存在于功能，而不是词汇，词性在汉语中不只在功能上存在：

可以说，在某种句法语境中，某个汉语词在这里被用作名词。在这里，作为动词或形容词，它完全是作为主语、定语或句式、谓语或行列式起作用的。[④]

随后，多布森则认为汉语是否有词类的问题本质上是无关紧要的，一个孤立的单词是否被视为"名词""动词""形容词"或两者兼而有之并不重要。

---

① Humboldt, Wilhelm Von: *Lettre a M. Abel—Rémusat sur la nature des formes grammaticales en général, et, sur le genie de la langue chinoise en particulier*, Dondey—Dupré, Paris, 1827, p.16.

② Humboldt, Wilhelm Von: *Lettre a M. Abel—Rémusat sur la nature des formes grammaticales en général, et, sur le genie de la langue chinoise en particulier*, Dondey—Dupré, Paris, 1827, p.3.

③ Maspero, Henri: *La langue chinoise*, Conférence de l'Institut de Linguistique de l'Université de Paris, Paris, 1934, p.36.

④ Demiéville, P: "Le chinois à l'Ecole Nationale des Langues Orientales Vivantes", In Cent— cinquantenaire de *l'Ecole des Langues Orientales*. Maisonneuve, Paris, 1948, p.148.

它假定一个名义的、口头的或形容词的价值,因为它存在于一个具有名义的、口头的或形容词价值的矩阵中。

> 我们可以说,一个孤立的单词(即以引语的形式)是不可分类的,但在“分布”中,即在矩阵中,它参与了它的语法价值。因此,“口头”“实质性”和其他术语成为分配框架的属性,而不是一个词固有的属性。①

与上述学者相反,西蒙认为汉语确实有词类:

> 如果汉字用同一个字写出词源相关但又不同的词,从汉字开始的人会问,这是文字的口头意义还是名词意义,并会看到词类的转换,而事实上,不同的词是通过声调区分的。②

西蒙认为,之所以否认古汉语存在词类,是因为有些海外学者的理论建立在如下两个错误假设的基础上:

> 综上所述,否认汉语词类存在的理论建立在以下错误假设的基础上:(1)词类必须在声音上有所区分;(2)汉语词汇从一种类别随机传递到另一种类别。③

何莫邪认为千年前的古汉语(包括我们所说的古汉语)是基于古代北方汉语的一种变体,因此中国南方汉语中会存在助词:

> 最明显的证据就是古汉语中很少出现像现代标准汉语一样的句尾助词,这与南方汉语中大量出现的助词形成了绝对的对比,比如广东话(和泰语)。④

肯尼迪也认为古文言文存在词类,他坚持只讨论语言项目在句子中的可观察分布,详细地展示了每个语法助词如何构成自己的词类,以及显然是同一个“词类”的词汇如何与语法助词进行不同的组合:

---

① Dobson, W A. C. H.:“Classes de mots ou classes distributionelles en chinois archaïque”, In Mélanges de *sinology offerts a M. PaulDemiéville. vol. I*, Presses Universitaires, Paris, 1966, p.29.

②③ Simon, Walter: “Has the Chinese Language parts of speech?”, *Transactions of the Philological Society*, London, 1937, p.115.

④ Harbsmeier, Christoph: *Logic and Language in Traditional China*, Cambridge University Press, 1998, p.30.

《孟子语法导论》是《孟子语法论》的原稿，现在必须改名为《孟子语法论》。该书是基于这样的假设进行的，即在词之间的关系可以而且必须在语法上处理之前定义词类。因此，汉语语法必须从不同的前提出发。①

对于词类问题，陈汉生认为先秦哲学家的语言中物质名词有点像杂交品种，与现代汉语是不同的，名词具有物质名词的全部语法标志：

它们没有复数形式；它们与种类词或量词联用。而且没有much—many的区别。它们发挥着基本词项表达式的作用，但直到汉代，种类词才成为语法上必要的成分。所以，名词前面可直接加数词，这就给先秦语义学家新墨家带来了困惑。②

我们也认为，陈汉生关于物质名词而非可数名词的假定是朝向中国思想前进了一步，因为古汉语中的名词与印欧语系的可数名词不同。对于原因，他解释为：中国思想的趋势是分割而不是聚合，根据部分/全体而非类/成分来思考。③

郝大维和安乐哲也赞成陈汉生的这一主张，认为古汉语没有可数名词，但是他们却得出很极端的一些结论。

"由于缺乏特殊性命题种类的标志词，语言是一种非指称的。""从严格意义上来讲，没有客观语言。""可能也不存在内涵定义和外延定义。"④

对于文言文是否存在语法问题，海外学者何莫邪从六个方面进行了全面的总结。

(1)并不是所有的文言文词汇都有相同的功能。例如，汉语中语法助词和词汇项之间存在明显的分界。因此，我们可以有把握地得出结

① Kennedy, George Alexander: *Selected Works*, Yale University, Far Eastern Publications, New Haven, 1964, p.323.

② 〔美〕陈汉生：《中国古代的语言和逻辑》，周云之等译，北京：社会科学文献出版社1998年版，第40页。

③ 参见〔英〕葛瑞汉《论道者：中国古代哲学论辩》，张海宴译，北京：中国社会科学出版社2003年版，第449页。

④ Hall, David L., and Ames, Roger T.: *Thinking Through Confucius*, New York: State University of New York Press, 1978, p.264, p.294.

论:汉语中有词类。

(2)汉语单词的语法特征与拉丁单词不同,因此,即使我们把拉丁语的"辞"和"名"概念应用到文言文中,汉语中的言语和英语中的言语也是不一样的。严格地说,我们如果把相同的概念、词语和名词应用于完全不同的语言,能得到模棱两可的结果。我们可以有把握地得出这样的结论:古汉语的词类与拉丁语的词类不同。

(3)拉丁语和古汉语之间有足够的相似性,可以将拉丁文语法中的大量概念智能地应用到汉语中。19世纪的汉语语法,特别是盖贝伦兹的汉语语法,毫无疑问地证明了这一点。

(4)通过文言文这一媒介,可以清晰地阐明拉丁文的语法范畴。马建中在《马世文通》(1898)中使用的方法就是19世纪欧洲的做法,即在文言文中应用选定的拉丁语法范畴。值得思考的是,他如何成功地用文言文来表达他分析拉丁语时获得的启发。我们可以断定,拉丁语法不同于无法用语言表达的陌生的中国文学,拉丁语法的原则不像陌生的中国知识分子那样使人毫无感觉,它们是清晰的,自然不能被理解和创造性地应用于中文。

(5)虽然古汉语词汇项的分类可能存在疑问,但我们可以有把握地得出这样的结论:一个句子中的"名词性"、"动词性"和"形容词性"语法功能可以通过词序的使用和语法小品的可能出现来定义。这些函数在不同语言类型中是否"相同"的问题,在这里并不涉及。

(6)文言文词语与语法助词、数词,以及词与词之间在句法和语义上的相互作用,是文言文词语区别的基础。因此,文言文的词汇项并不是没有语法特征的。这些词汇化语法特征的确切性是实证语法研究的主题,它们的存在是毋庸置疑的。[①]

文言文中确实有一些类似于从句的语言表达或其他表达方式,类同于英语中的从句。在英语中,间接陈述是由从属连词引入的,这在古典拉丁语中没有对等的词。相反,拉丁语中使用"主语宾格+不定式"的表达方式,我们也可以在文言文中找到一些类似的结构,比如关键句结构。在古代汉语语法中,有一种语法结构被该领域的大多数学者称为"兼语句"。在这种结构的句子中,有一个名词或名词短语,包括代词如"之",它可以用作动词的

---

① Harbsmeier, Christoph: *Logic and Language in Traditional China*, Cambridge University Press ,1998,pp.129—130.

宾语,既可以用作第一个动词的宾语,也可以用作第二个动词的主语。再比如连动结构。与上述关键句相比,还有一种连动结构形式的不定式从句,如《庄子·齐物论》中的“鱼见之深入”。

当然,进入20世纪后,古汉语的语法问题引起了越来越多海外学者的注意,如穆利(Joseph Mullie)的《汉语字母语言的基本原则》(*Grondbeginselen van de Chinese letterkundige taal*,1948)是关于汉语中拉丁语的语法范畴的;康拉迪(A. Conrady)的《古代汉语助词》(*Ober einige altchinesische Hilfswörter*,1933)是关于单个语法助词的;多布森(W A. C. H. Dobson)的《近古汉语》(*Late Archaic Chinese*,1959)、《早期古汉语》(*Early Archaic Chinese*,1962)、《后期汉语》(*Late Han Chinese*,1964)以及《诗经语言》(*The Language of the Book of Songs*,1968)都是关于汉语句法的。苏联学者也对这一问题表示了极大的兴趣,如米可朱科夫(M. V Krjukov)的《商代碑文语言》(*The Language of the Shang Inscriptions*,1973)和古列维奇(I. S. Gurevich)的《公元3世纪至5世纪汉语语法大纲》(*Outline of the Grammar of the Chinese Language of the +3rd to +5th centuries*,1974)等著作。在西欧语言领域,格蒂·卡尔格伦(Gerty Kallgren)的《从朱熹〈楚辞集书〉看宋代口语研究》(*Studies in Sung Time Colloquial Chinese as Revealed in Chu Hi's Ts'üanshu*,1958)和哈利迪(M. A. K. Halliday)的《〈蒙古秘史〉语言》(*The Language of `The Secret History of the Mongols*,1959)等著作。

第二节　海外学者视野中的汉语语音

语音,即语言的物质外壳,是语言的外部形式,是最直接地记录人的思维活动的符号体系。它是人的发音器官发出的具有一定社会意义的声音。语音的物理基础主要有音高、音强、音长、音色,这也是构成语音的四要素。汉语语音系统以及发展规律的统称,不仅仅包括汉语拼音。汉语语音的特点是音节结构简单,音节界限分明,声调是音节的重要组成成分,汉语的音节结构有很强的规律性。对于古代中国人的语音,海外学者也进行了研究,鲁伊斯布鲁克的威廉(William of Ruysbroek)就认为:“中国的居民体形瘦小,说话时鼻息沉重。”这可能是海外学者对古代中国人的语音的最早关注,但是,这种表述只是尝试说明了古代中国人的腔调问题,并没有涉及中国汉语独有的声调的高低问题,当然,更没有涉及中国人的语言思维。

1582年,利玛窦刚到中国,对中国的语言并不熟悉,他给他的修辞学老师德福纳里(Martino de Fornari)写信指出:“我最近一直在学习中文,我可以向你保证它和希腊语或德语都很不一样。在说汉语的过程中,有如此多的歧义,以至于有许多词可以表示一千多件事情,很多时候,一个词和另一个词之间唯一的区别就是你用四种不同的声调把它们调高或调低。因此,当中国人彼此交谈时,他们把想说的话写出来,这样他们就一定能理解——因为所有的书写字母彼此都不一样。至于这些写下来的信,如果你们没有像我一样看到并使用它们,你们是不会相信的。它们的字母和单词和事物一样多,所以有超过7万个字母,每一个都非常不同和复杂。如果你想看一些例子,我可以寄给你一本他们的书,后面附有解释。”[①]与鲁伊斯布鲁克的威廉相比,利玛窦对中国语言的语音问题描述得更加具体。首先,利玛窦认为汉语与希腊语以及德语相比,具有很大的差别;其次,利玛窦认为汉语具有四种不同的语调,这四种不同的语调可以区分词与词的不同;最后,汉语拼音和汉语的数量都比较多,而且非常不同和复杂。

无独有偶,戈德温(F• Godwin)在他虚构的游记《月亮上的人:多明戈·冈萨莱斯的航海之旅》中也描述过古汉语的语音问题:

> 它不是由许多字和字母组成的,而是由曲调和粗鄙的声音组成的……你有很少的词,但它们代表不同的东西,它们只能通过曲调来区分。[②]

与利玛窦和戈德温不同的是,约翰·韦伯意识到汉语书面语和口语之间存在着特殊的关系,它们之间有着明显的区别:

> 他们写作的风格和说话的风格大不相同,尽管塞梅多说(我祈祷他也记着)的话是一样的,所以当一个人要写作的时候,他需要集中他的智慧,因为凡是照着他们常说的话来写的人,也许值得嘲笑。[③]

约翰·韦伯的《历史论文:论中华帝国的语言是原始语言的可能性》是第一本在西方出版的大规模中文出版物。此书试图证明汉语是巴别塔(Babel)混乱之前全世界所说的原始语言。事实上,约翰·韦伯的著作代表了一种非常严肃的努力,即在人们对汉语有更多了解之前,对它的特征和重要性

---

① Spence, J. D.: *The Memory Palace of Matteo Ricci*. Penguin, Harmondsworth, 1986, p.136.

② Wilkins, John: *Mercury or the Secret and Swift Messenger*, Foundations of Semiotics vol. 6, J. Benjamin, Amsterdam, 1641, p.xvii.

③ Webb, John: *An Historical Essay Endeavouring a Probability That the Language of the Empire of China is the Primitive Language*, N. Brook, London, 1669, p.186.

进行整理。对此,约翰·韦伯指出:

> 就好像所有的东西都用原始的语言来证明这一点一样,我们可以观察到大自然是如何努力证明这么多。在我们出生的那一刻,我们对生命的第一个表达就是,像以前提到的那样,说出"Ta"这个中国字。这不仅是第一个,而且确实是唯一的人类从自然中正当索取的表达。①

此外,约翰·韦伯还探讨了一些关于汉语音系的他所认为的有趣细节:

> 中国人没有字母"R",无论他们付出多少劳动或努力,都不能以任何可能的方式表达或发音相同。当我们的孩子长大,大自然似乎厌恶这种混乱。为了让他们读到这封信,经过长时间的竞争,直到教育使他们读到这封信,我们付出了多大的努力和痛苦?我们有没有利用多少机会,通过练习和重复,让他们读到这封信?因此,从出生到婴儿期,从婴儿期到成年期,直到大自然被迫屈从于强制性的指令,屈从于腐朽的语言,我们整个宇宙的语言通常是直接的汉语。②

海外学者对于古汉语的语法问题是存在争议的,但是,对于古汉语的语音问题,显然没有争议。因此,当涉及古汉语的历史音韵学研究时,情况就完全不同于古汉语的语法研究。自19世纪以来,古汉语的历史音韵学一直受到海外学者的关注,成果也较多。例如高本汉(Bernhard Karlgren)的《汉语音韵学研究》(*Etudes sur la phonologie chinoise*,1919)是早期的研究汉语语音的著作。随后,又有一批海外学者关于汉语语音的著作问世,主要有亨利·马斯佩罗的《唐朝方言》(*Le Diabete de Tch'ang—ngan sous les T'ang*,1920)、卡格伦(Karlgren)的经典著作(*Grammata Serica Recensa*,1952),桥本(Mantaro Hashimoto)的《古代汉语音韵学》(东京,1978)以及普利布兰克的《中古汉语》。这些成果在西方起到传播中国文化的效果。

当然,海外学者也注意到,汉语与其他语言的相同之处,即都有音节的问题。对此,何莫邪认为汉语(或汉语方言)和一些相邻语言有一个显著的共同特征:"它们的非复合词或语素都只有一个音节。因此我们称它们为单音节语言。汉语言的南北都有许多语言,它们都有一个以上音节的多语素。

---

① Webb, John: *An Historical Essay Endeavouring a Probability That the Language of the Empire of China is the Primitive Language*, N. Brook, London, 1669, p.196.

② Webb, John: *An Historical Essay Endeavouring a Probability That the Language of the Empire of China is the Primitive Language*, N. Brook, London, 1669, p.197.

我们称这些语言为多音节语言。"[①]除了非复合词或语素都只有一个音节这个相同点之外，何莫邪还认为几乎所有东亚单音节语言都进化出了声调，用来区分其他发音相似或同音的音节：

> 这些声调或音节语调模式增加了单音节表达的语素数量。声调在单音节语言中特别有用，但事实证明，声调并不是自然语言的一个基本不变的特征。[②]

海外学者认为汉语的语音和语法之间存在着密切的联系，不同的语法功能通过词干的声音变化来表达。对此，卡尔格伦认为：

> 换句话说，对于公元800年左右的中国文人来说，不言而喻的是，他的语言有一个完整的有生命的构词系统（ordbildningslära），在这个系统中，不同的语法功能通过词干的声音变化来表达。[③]

何莫邪也认为汉语的语音和语法之间存在着密切的联系，中文句子的设计很明显不仅是为了表达清楚，而且是为了表达所要表达的意思：

> 很明显，汉语句子的设计不仅是为了表达清楚，而且是为了表达他们所表达的意思。这种交流通常是通过令人钦佩的简洁发音来实现的，而这在现代英语中是很难复制的。文言文的文体理念鼓励利用语法上的可能性来省略：理想的做法是省略任何可以从语境中理解的内容。[④]

汉语词类问题是汉语语法的一个核心问题，西蒙认为汉语确实有词类，而且汉语词类和语音有着紧密的联系：

> 如果汉字用同一个字写出词源相关但又不同的词，考察汉字来源的人会问，这是文字的口头意义还是名词意义，并会看到词类的转换，

---

① Harbsmeier, Christoph: *Logic and Language in Traditional China*, Cambridge University Press, 1998, p.27.

② Harbsmeier, Christoph: *Logic and Language in Traditional China*, Cambridge University Press, 1998, p.28.

③ Chmielewski, Janusz: *The Typological Evolution of the Chinese Language*, 1949: *RO*, 15, 397.

④ Harbsmeier, Christoph: *Logic and Language in Traditional China*, Cambridge University Press, 1998, pp.145—146.

而事实上,不同的词是通过声调区分的。①

第三节　海外学者视野中的汉字

汉字,又称中文、中国字,别称方块字,是汉语的记录符号,属于表意文字的词素音节文字,世界上最古老的文字之一。汉字在形体上逐渐由图形变为笔画,象形变为象征,复杂变为简单;在造字原则上从表形、表意到形声。除极个别汉字外(如瓩、兛、瓸、呎、嗧等),都是一个汉字一个音节。对于汉字,海外学者关注的第一个问题是古代汉字的书写工具和汉字的读写顺序,因为从这两点看,汉字和拉丁语既有相同之处,也存在明显的区别。对此,鲁伊斯布鲁克的威廉就指出:

> 中国的居民用毛笔写字,就像画家一样,他们把几个字母放在一个字里,组成一个短语。西藏人的书写方式和我们一样,他们的书信和我们的非常相似。西夏人跟阿拉伯人一样,是从右往左写字,但是他们把一排排字母竖着写,从底部开始,每一行往上写。如前所述,维吾尔人的文字是从上到下读的。②

弗朗西斯·培根在他的《学术的进展》中指出,就像亚里士多德所说的,言语是思维的表象,字母是言语的表象,但思维并不一定要用语言来表达。因为任何事物能有足够的差异,而那些被感官所感知的差异,在本质上是能够表达思维的。所以弗朗西斯·培根认为:

> 我们看见那不懂别人方言的人做生意,又看见那哑巴耳聋的人行事。人类的思想是通过手势来表达的,虽然不完全是这样,但目前是这样。我们进一步了解到,中国和高黎凡特诸国使者用真实的文字来书写,这些文字既不是字母也不是粗鄙的词语,而是事物或概念。例如,国家和省份,不理解彼此的语言,但可以阅读彼此的书写,因为字符更普遍地接受比语言扩展。因此,它们有大量的字符。我想,这些字符和

---

① Simon, Walter: "Has the Chinese Language parts of speech?", *Transactions of the Philological Society*, London, 1937, p.115

② A. van den Wyngaert: *Sinica Franciscana I*, Quaracchi, Florence, 1929, p.171.

词根一样多。[①]

自15世纪以来,海外学者就如何看待汉字形成了两种截然相反的观点:一种认为汉字与其他书写系统非常不同,更像是数学符号,直接代表概念,只是偶然有发音。根据海外学者理解的汉字的这些特点,荷兰数学家和语言学家戈利乌斯(Jakob Gohl)将汉语置于一个系统的、哲学的以及宗教的语境中,他认为:

> 他们(中国)语言的人工性意味着它是由一个熟练的人在某个时间点发明的,目的是在我们称之为中国的那个大国的许多不同民族之间建立语言交流,尽管不得不说,这种语言现在可能会因长期使用而改变。[②]

戈利乌斯认为汉语具有人工性,目的是建立不同民族之间的交流。莱布尼茨认同戈利乌斯的观点,莱布尼茨认为:

> 看来,如果我们欧洲人对中国文献有足够的了解,那么借助逻辑、批判性思维、数学以及我们比他们更明确的表达方式,会让我们在这些古老的中国古迹中发现许多现代中国人甚至后来的翻译者都不知道的东西,不管他们怎么理解古典。[③]

莱布尼茨有个显著的信仰:大量的人类推理可以被归约为某类运算,而这种运算可以解决看法上的差异。显然,莱布尼茨认为中国古代没有逻辑、批判性思维和数学,汉语的表述也是不明确的,因此,无法实现他的哲学数学化的思想:

> 如果我们理解了中国人的文字,我想我们会找到更多的联系(具有普遍性的特征),但在本质上,这些文字无疑远离了我的计划的精

① Bacon, Francis: *The Advancement of Learning*, Ed. G. W Kitchin, Everyman's Library xi. I, J. M. Dent and Sons, London, 1905, p.36ff.

② Harbsmeier, Christoph: *Logic and Language in Traditional China*, Cambridge University Press, 1998, p.14.

③ Gottfried W Leibnitz: *Zwei Briefe über das binare Zahlensystem und die chinesische Philosophie*, Loosen, Renate & Vonessen, Franz (eds.), Aus dem Urtext neu editiert, übersetzt und kommentiert, Fromann Verlag, Stuttgart, 1968, p.126.

髓——思想分析。[①]

显然,汉字能够表述古代口语的语素,但是,古汉语的文言文格式是否能够准确地表述当时的语言,是一个有待商榷的问题。马塞尔·格兰特(Marcel Granet)认为文言文是一种与语言有关的符号系统。

> 对汉语进行系统研究的巨大困难是由口语和书面语的差异造成的。今天这种差异是如此强大,你可以问自己是否书面语言是一个真正的语言,无论是思想的一个精确的表示(与语言相比,这表示是通过一个图形表示而不是一个语音),或者它只是一种记忆符号,允许对思想的口头表达进行重建。[②]

另一种认为汉字代表语素的发音,或口语中的词,并表示它们的意思,因为语素具有它们在口语中所具有的含义。何莫邪认为:

> 汉字的构造和广泛使用与它们的发音有关。请注意从远古时期起拟声词出现的频率。汉字一直是一种记录口语单词或语素的工具。它们不是用来描述独立于口语的意义的工具。一个字符,不管它的图形构成如何,都有它所代表的词/语素的意义范围。[③]

卡尔格伦认为《论语》《孟子》和《庄子》等古汉语书面语著作,虽然不能完全代表当时的口语标准,但是,这些书面语可能非常接近当时的口语:

> 任何没有偏见的读者都应该清楚,《论语》《孟子》和《庄子》,以及《左传》等文献的戏剧性叙述,是最纯粹的口语复制品。我们可以肯定地听到演讲者的声音,以及他们所有奇怪的小转弯、含糊不清的句子、惊叹声等。[④]

陈汉生认为书面汉语没有字母表,每一个汉字都有一个单音节的发音,汉字被视为语言的基本单位,并且在古代中国对任何文化人都是自然的兴

---

① Widmaier, Rita: *Die Rolle der chinesischen Schrift in Leibniz' Zeichentheorie*, Franz Steiner Verlag, Wiesbaden, 1983, p.36.

② Granet, Marcel: "Quelques particularités de la langue et de la pensée chinoise", in his *Etudes sociologiques surla Chine*, PUF, Paris, 1920, p.99.

③ Harbsmeier, Christoph: *Logic and Language in Traditional China*, Cambridge University Press, 1998, p.38.

④ Karlgren, Bernhard: *The Authority of Chinese Texts*, BMFEA, 1929, pp.177—178.

趣中心：

> 汉字在不同的中国方言中提供了一个共有的交际方式，因为他并不代表任何特定的发音。因此，如同在当代中国，人们说不同的方言，但写的和读的却是“相同的”。[①]

西方人认为精神描述必须建立在语言与世界的关系之上。陈汉生认为中国人能够把描述或再现当作把语言系于事物之上的方法，但是不必绕一个通过心灵和精神意象的弯路，那一描述本身就是一个语言实体——汉字：

> 书面形式不是声音的再现而是事物的再现。因此，声音与世界上的对象之间的媒介不是由内部的、私人的主观性观念或其他“心灵的经验”提供的，而是由众人共有的社会惯例——汉字提供的。[②]

对于中国汉字，何莫邪有着自己的独特见解，他认为汉字有着自己的独有优势：

> 从历史而非文学的角度来看，汉字的优势在于，每个有文化的方言使用者都可以用自己的方言阅读汉字，从而在某种程度上把它们视为自己的。[③]

对于汉字的演化过程，何莫邪认为汉字演化的策略是一个给定的单词可以用象形文字、音像文字或带有消除歧义元素的标识字符来表示。但是，汉字的演化没有实现为当时汉语的每一个音节选择一个标准的象形文字或声像文字来代表那个音节。这将导致一个音节的“字母表”，因此，何莫邪认为：

> 汉语的书写始终保持着它的符号特征：在汉语中，人们写的不是音节，而是单词，并且随着语言发展出许多多音节词——语素。[④]

---

① 〔美〕陈汉生：《中国古代的语言和逻辑》，周云之等译，北京：社会科学文献出版社1998年版，第56页。

② 〔美〕陈汉生：《中国古代的语言和逻辑》，周云之等译，北京：社会科学文献出版社1998年版，第58页。

③ Harbsmeier, Christoph: *Logic and Language in Traditional China*, Cambridge University Press, 1998, p.40.

④ Harbsmeier, Christoph: *Logic and Language in Traditional China*, Cambridge University Press, 1998, p.37.

构成汉字字形的各种特定的点和线，也是汉字的最小结构单位。汉字的形体结构可以分为汉字、部件、笔画、笔形四个层次。汉字是最高层次，部件是中间层次，笔画是次低层次，笔形是最低层次。何莫邪认为汉字的这种构造和广泛使用与它们的发音有关：

> 请注意从远古时期起拟声词出现的频率。汉字一直是一种记录口语单词或语素的工具。它们不是用来描述独立于口语的意义的工具。一个字符，不管它的图形构成，都有它所代表的词/语素的意义范围。①

何莫邪认为汉语在历史上从未脱离周围的语言而辉煌地发展。在所有已知的历史阶段，汉语在结构和词汇上都受到非常复杂的语言环境的影响。汉语可能是孤立的语言，但是“尽管如此，事实仍然是，文学汉语仍然出人意料地不愿意吸收大量外来语素或词语”②。但是，何莫邪也认为汉字存在一定的缺陷：

> 我们可以有把握地得出结论，汉字确实隐藏了一系列重要的特征，而这些特征往往是拼音所揭示的，它们阻碍了对汉语语素内部结构的分析感知。③

在最近的文献中，舒斯特勒(Schuessler)的《周初汉语词典》(*Dictionary of Early Zhou Chinese*，1987)指出造成汉语模糊问题的是书写系统，而不是语言的单词问题。普利布兰克(E. G. Pulleyblank)的《中古汉语》(*Middle Chinese*，1984)则沿着卡尔格伦等人对古代汉字读音的重建工作继续推进，使我们能够对汉字单元的内部进行分析。

我们认为要想理解中国的逻辑思想，首先要明确中国古汉语的整体架构。在古汉语中是没有标点符号的，古汉语中的文字是象形字，因此，古汉语使用的是具象的语言结构，它的一个字，可能就代表一句话，也可能描绘一个现象。因此，古汉语中没有现代汉语中的词组的概念，一个汉字就是一个词义。

---

① Harbsmeier, Christoph: *Logic and Language in Traditional China*, Cambridge University Press, 1998, p.38.

② Harbsmeier, Christoph: *Logic and Language in Traditional China*, Cambridge University Press, 1998, p.30.

③ Harbsmeier, Christoph: *Logic and Language in Traditional China*, Cambridge University Press, 1998, p.35.

第四节　文言文是否适合科学研究

海外很多学者认为，中国古代哲学是一种不使用逻辑分析工具进行表达和理论的哲学研究。尽管有些海外学者承认，中国古代哲学家确实用概念来阐释自己的观点或论证自己的观点，但他们依然认为这些概念化和论证行为背后的逻辑思维方式与西方传统思维存在本质上的不同。经过一些中国哲学领域的汉学家和哲学家的研究，比如亚努什·奇米耶夫斯基、成中英、葛瑞汉等人已经证明，中国古代墨家和名家的大多数观点和论点的思维是能与西方传统思维相媲美的。何莫邪通过分析文本证据，解释了中国古代逻辑思想，还明确指明，文言文的语言特征不是逻辑推理的障碍，完全适合做科学研究。因此，对于文言文是否适合科学研究，海外学者持有不同的意见。

有一部分学者循着洪堡的思路，认为古汉语缺乏语法，是一种不清晰的语言，因此不适合表述科学分析的精确话语。马塞尔·格兰特就持这种观点，他在1920年发表的一篇论文《汉语语言与思维的若干特点》中提出：

> 毫无疑问，科学精神的进步和传播与语言的存在有关，在西方，所有语言在不同程度上都是分析的工具，允许人们定义一个类，教会人们逻辑思考，这也使得它们很容易以一种清晰而独特的方式传递一种非常复杂的思维方式。现在我认为，无论是书面语还是口语，汉语都丝毫没有欧洲语言的这些特点。[①]

马塞尔·格兰特提出：一种暗示而不是定义的语言是否适合于表达科学思想、传播科学和传授科学？他指出，一种为诗歌而创造的、由意象而不是概念组成的语言，不仅不是一种分析工具，而且也未能构成每一代都能实现的抽象作品的丰富遗产。他认为产生这种情况，正是因为古汉语是一种意象性的语言，这种意象性的语言更多地表示的是一种隐晦的隐喻，和西方基于精确概念的语言完全不同，其具有不精确性：

> 如果在漫长的历史发展过程中，汉语基本上能够保持一个简单的

---

① Granet, Marcel: “Quelques particularités de la langue et de la pensée chinoise”, in his *Etudes sociologiques surla Chine*, PUF, Paris,1920,p.150.

意味着这风景如画的表达式，在我看来，这种比喻式的写作，把每一个字和每一个表意符号，从一开始就反对各种各样的语法形式和派生结构，语法几乎减少到发展的节奏。最重要的是，这种比喻性的写作窒息了文字的全部内在生命。①

古汉语除了具有产生模糊根源的意象性，其表达含义还依靠语音，这更加增加了其模糊性。显然，马塞尔·格拉特意识到了这一点：

在这种情况下，我们必须承认，当语言不能翻译思想的运作时，这些运作必须超越语言。②

汉语的这种特性使得古汉语不能准确表述思想，其只是用比喻的方式暗示精确的思想，而精确的思维必须使用精确的语言来表述。马塞尔·格拉特认为：

这种（中国的）思想，本质上看起来是如画的和音乐的，并且在任何情况下都通过节奏和具体的符号来表达自己。当它应用到一个需要精确和明确表述以及明确判断的领域时，它能达到什么目的？一种不是以生活经验而是以传统为出发点的思想，能有什么样的真诚……矛盾原则和因果原则有什么力量？没有它们，科学思想就很难进行或表达。③

陈汉生的研究为唯名论理论指出，中国思想家只致力于名称和对象④，此外，他还特别声称，对中国思想家来说，"对象"只是具体的东西，而不是抽象的概念。⑤方克涛在一个重要方面发展了陈汉生的论点，指出中国思想家诉诸相似的概念，而不是诉诸本质、柏拉图式的形式、意义、思想等。事实证明，尽管中国思想家可能不喜欢西方对一多问题的任何常见解决方案，但他们确实喜欢"实"。"实"是中国哲学中的一个关键概念，但在中国早期的命名

---

① Granet, Marcel: "Quelques particularités de la langue et de la pensée chinoise", in his *Etudes sociologiques sur la Chine*, PUF, Paris, 1920, p.151.

②③ Granet, Marcel: "Quelques particularités de la langue et de la pensée chinoise", in his *Etudes sociologiques sur la Chine*, PUF, Paris, 1920, p.153.

④ Hansen, Chad: *Language and Logic in Ancient China*, The University of Michigan press, 1983, p.31.

⑤ Hansen, Chad: *Language and Logic in Ancient China*, The University of Michigan press, 1983, p.175.

理论中,它似乎没有得到充分的研究。作为一种补充或替代的解释,如果我们在民族学和认知科学提供的心理本质主义背景下理解“实”,那么我们就能够解释“实”的作用,而不必把任何额外的本体论承诺归于中国思想家。然而,在这个阶段,需要更多的研究来论证“实”是否仅仅表明了中国人对不同事物如何用同一个名字称谓。①

陈汉生认为语言理论中假定命名模型,这在汉语中并不引起相同的困惑。只要所有名词在句法上都充分地像物质名词,则命名的语义学模型并不引导人们在具体领域外寻找被指称的那个“一”,因此,陈汉生认为:

> 在汉语模式中,认识一个语词就是具有根据与那个语词相联系的习惯做法去区别或划分的能力,以及在指导行动的过程中评价那一划分的能力。中国哲学家由于缺少柏拉图式的“知识即再现”模型,因而没有那种动机把区分能力解释为心灵把对象与观念相比。②

雷南(J. E. Renan)也持有这种否定观点,他认为古汉语是无机的、不完善的结构。古汉语可以很好地表达生活的需要、手工艺术的技术细节、低标准的轻文学和常识,但从未提升至哲学,因此:

> 中国语言排除了所有哲学、所有科学、所有宗教,在我们理解这些词的意义上。上帝在其中没有名字,形而上学的事物只能通过迂回的言语形式表达出来。③

韦利(Waley)指出古汉语缺乏时态和词尾变化也会妨碍逻辑,他认为:

> 中国的一些诡辩论是混淆了单数与复数、过去与现在、同一性与类与成分的结果。④

格奥尔格·弗里德里希·威廉·黑格尔则认为,中国文字是图画文字,是

---

① Abraham Marier De Jesus: *The Foundations of Chinese Logic*. B. A., The University of British Columbia, 2007, p.69.

② 〔美〕陈汉生:《中国古代的语言和逻辑》,周云之等译,北京:社会科学文献出版社1998年版,第52页。

③ Renan, J. E. (1888): *De l'Origine du Langage*, 4th edn. Michel Levy, Paris, Shanghai. Eng. tr. in Watters, T. *Essays on the Chinese Language*, Presbyterian Mission Press, Shanghai, 1889, p.18.

④ Arthur Waley: *The Way and its Power, A Study of the TAO TÊ CHING*, London: Allen & Unwin, 1934, pp.63—64.

低级文字,这种文字不能表达抽象的意思:

> 当我们谈到中国的科学时……我们看到他们在政府....得到了公众的高度赞赏和支持,因此,一方面,科学工作者受到高度的尊重和培养,但另一方面,这些科学工作者缺乏内部反思的自由空间和适当的科学兴趣,从而使其成为一种科学努力。自由和理想的精神领域在这里是没有立足之地的,这里所谓的科学是一种经验性质的,本质上是为国家服务的,为国家和个人的需要服务的。书面语言本身的性质是科学发展的一大障碍,或者相反,由于缺乏真正的科学兴趣,中国人没有更好的工具来表达和交流思想。①

从这段话中,我们不难发现,黑格尔认为中国缺乏真正的科学兴趣,中国的科学是为国家服务的,因此是功利的,具有非科学的目的。黑格尔认为古汉语的书面汉语恰恰适应了这种发展趋势,因此,古汉语对于科学的发展是一块绊脚石。何莫邪认为:"黑格尔可能错了,他的怀疑可能不是很明智。"②我们也认为黑格尔的这段话过于武断,原因可能是其对中国传统文化的不理解。

事实上,汉字和英文是两种完全不同的语系:汉字是表意的,汉字不需要和发音相联系,即使不依靠语音,文字也能直接表达意义;英语是表音的,英文的意义依靠语音,语音是意义的一种表达。在英语语系中,语音比文字更接近意义,语音是意义的一种符号,文字只是语音的符号。在古汉语语系中,文字可以直接跳开语音表达意义,我们可以不用语音来理解汉字,汉字是意义的中心。因此,何莫邪认为:

> 黑格尔的问题是顺序不同的问题。汉语是否具有一门纯粹哲学和认知视角的非经验的、抽象的、理论的科学?在这里,我们必须仔细区分两个问题:1.中国是否有我们可以称之为二级科学的东西,即对科学的性质、地位和方法的探索和研究?2.中国人曾经为了自己而发展科学吗?③

---

① Hsia, A.:*Deutsche Denker über China*,Suhrkamp,Frankfurt,1985,p.184.

② Harbsmeier, Christoph:*Logic and Language in Traditional China*, Cambridge University Press,1998,p.25.

③ Harbsmeier, Christoph:*Logic and Language in Traditional China*, Cambridge University Press,1998,pp.25—26.

对于古汉语是否适合科学研究的疑问，在进入20世纪60年代后，得到了很多海外学者的关注。他们的思路和洪堡的思路相反，他们认为古汉语是有语法的，中国人的思维是合逻辑的，因此是一种清晰的语言，是适合表述科学分析的精确话语。如陈汉生就认为，中国思想家从未发展出关于观念、概念或共相这类抽象实体的理论，但这不应被当作不合理的或缺乏哲学深度，这类理论无论是本体论、语义学、心理学还是知识论（认识论）都受到语言特征的驱动和刺激，这些语言特征把汉语语系同印欧语系区分开来：

> 因为哲学问题是由我们通常的说话和写作方式所引起的，我们可以期望哲学问题的不同提问形式将推动理论化朝不同方向发展。抽象理论对中国并不是不可能的，只是不必要而已。①

本杰明·史华兹关于中国古代是否有抽象理论的观点与陈汉生不同。他认为，中国古代典籍中的语言是极其简约的，缺乏单复数、冠词和表示抽象性的后缀，其语义依赖于语境或上下文，但是仅仅根据缺乏明确的语言设置，不足以得出中国古典语言缺乏抽象能力的结论。因此，他认为：

> 我承认，从总体上讲，中国思想并没有将其知性的注意力集中于抽象理论自身之上（大多数讲印欧语系的古代文明也同样没有）。然而，那些被我们译作"人文性（humanity）"（仁）或"合道义的（right—eousness）"（义）的术语，当人们讨论它们时，的确与具体的例示分离了开来，就基本意义而言，这些术语的确是抽象的。②

关于文言文是否适合科学研究，其中一个重要问题就是中国古汉语是否可以翻译为清晰的逻辑论证式。对于这一问题，陈汉生认为语言的有效推理式并不与任何一种特殊自然语言相联系，当我们学习用某些逻辑系统来检验一种语言的推理时，我们就要将语句翻译成形式逻辑的语形，经过翻译，我们就可以检验任何语言中的推理式。就这一点而言，英语和古汉语没有区别：

> 一旦我们承认了将一个英语语句翻译成逻辑形式，那么，我们就能检验其有效性。但是，这对德语、斯瓦希利语、法兰西语，以及汉语（古

---

① 〔美〕陈汉生：《中国古代的语言和逻辑》，周云之等译，北京：社会科学文献出版社1998年版，第63页。

② 〔美〕史华兹：《古代中国的思想世界》，程钢译，南京：江苏人民出版社2003年版，第19页。

代的和现代的)都同样是真的。[①]

因此,陈汉生认为中国哲学的某些方面像一种意象性含义,它们是关于逻辑的:

> 如果一个给定的解释是合理的和一致的,那么,任何认为中国思想具有天生的不合逻辑性的观点,都会被那种解释的许多可能性从根本上击溃。[②]

葛瑞汉也主张古汉语有逻辑性。印欧语系的词尾变化对逻辑思维只是有促进作用,按照其语法来说和写是一种逻辑练习,但是,也不能由此说,印欧语系的语言比汉语讲逻辑,因为:

> 古汉语有着只被句法组织的不变的词,有漂亮的逻辑结构,当然其被习语所包裹着,但比其他任何语言更接近于符号逻辑……另一方面,古代汉语不强迫思想家去提出逻辑问题;对自己的语法无意识,自由自在地或模糊其词或在需要时用小品词来澄清,他似乎是通过作为一种明白无误的中介的语言面对世界。中国人的思维是如此讲逻辑,所以总是被归于超语言(extra—linguistic)的原因……[③]

和上述问题相关的疑问:中国人的思维是合乎逻辑的吗?对于这个问题,亚努什·奇米耶夫斯基认为中国人的思维是合乎逻辑的,中国人的思维不存在从根本上不同于西方逻辑的问题:

> 从这个意义上说,迄今为止,几乎所有从事这一领域研究的学者,无论是中国人还是西方人,都从未将现代符号逻辑(数理逻辑、逻辑学)作为研究工具,相反,他们都坚持传统的逻辑概念,几乎没有超越三段论(传统的,不是真正的亚里士多德形式)或某种"哲学逻辑"。[④]

既然古汉语具有这种特质,那么文言文就具备明确表述思想的能力,因

---

① 〔美〕陈汉生:《中国古代的语言和逻辑》,周云之译,北京:社会科学文献出版社1998年版,第21页。

② 〔美〕陈汉生:《中国古代的语言和逻辑》,周云之译,北京:社会科学文献出版社1998年版,第22页。

③ 〔英〕葛瑞汉:《论道者:中国古代哲学论辩》,张海宴译,北京:中国社会科学出版社2003年版,第460—461页。

④ Chmielewski,Janusz:*Notes on Early Chinese Logic I*,1962:RO 26,no 1p.7.

此，文言文适合科学研究。

从20世纪初开始，海外学者有许多研究都与这一课题有关。如杜布(Homer H. Dubs)的《中国未能产生哲学体系》(1929)和德克·博德(Derk Bodde)的《中国古代对科学和科学方法的态度》(1936)等。

我们认为上述海外学者的论述是存在着理论误区的。中国科技史源远流长，中国的科学技术，在很长一段历史时期居于世界领先地位，浩如烟海的科学技术成就，为世界文明的发展作出了突出的贡献。其中，成就最大的是农学、天文学、数学和中医学，诞生了诸如"四大发明"等影响世界文明进程的众多科技成果。这些都表明中国人在科学的某些方面是相当优秀的，这也表明中国人可以用汉语来做科学。我们认为海外学者之所以产生上述理论误区，可能是因为当时的海外学者对中国的古汉语精确的句法结构以及古汉语语法使用的精妙语义和句法规则了解不深。

在中国先秦哲学中，最值得称道的是后世墨家，他们开创性地、系统地研究了语言和逻辑。在基于精确定义的一般理论框架下，他们发展出了可操作的类比推理理论，该理论对术语组合的特殊语义贡献非常敏感。意识到组成性的局限性可能会使他们远离逻辑形式理论的发展，激发了其对语言中内涵现象的洞察，促使他们对伦理观点进行更为复杂的辩护，鼓励人们广泛理解语言在交际话语中的作用，这一点值得今天继续研究。荀子在逻辑和语言观点的严谨性和清晰性上可能达到了一个新的高度，但在独创性上，他并没有超越他的墨家先辈，主要是寻求利用墨家的见解来支持儒家的道德议程。虽然墨家清楚地意识到他们自己的推理方法的许多局限性，但他们仍然抱有这样的希望：对语言的复杂分析将揭示出经验上的真正相似之处和不同之处，从而可靠地指导道德行为。正是这种普遍的希望，成为了像庄子这样的道家批评的焦点，他们从激进的透视主义的观点出发，认为任何语言(无论多么精练)都不足以提供一致的规范标准。这一说法是否正确，至今仍有争论。中国哲学界的学者们对语言和逻辑在人类思维中的作用有着不同的看法。

第二章　海外学者视野中的古汉语逻辑特征

古汉语分为书面语和口头语两种。由于古代人民的口头语言，现在已经无法听到，我们常说的古代汉语只是指书面语言。一般可以把古汉语发展历史分为远古、上古、中古、近古四个时期。远古指殷商时期，上古指周秦两汉时期，中古指魏晋南北朝隋唐宋时期，近古指元明清时期。我们通常学习和研究的古代汉语指的是文言文。文言文的范围很广，一般认为先秦两汉的典籍，是正统的文言文。

对于中国古代是否有逻辑的问题，海外学者众说纷纭，仁者见仁，智者见智。何莫邪认为："在中国，追求逻辑问题的思想家属于一个小的亚文化，而在印度和西方，逻辑学家属于知识分子努力的主流。在欧洲，逻辑学属于高等教育的标准必修课程。"[①]利玛窦则认为"他们（即中国人）没有逻辑"[②]；神父让－弗朗索瓦·富凯（Jean－François Fouquet）认为中国人"对辩证法的精妙之处几乎没有什么天赋"[③]；比尔芬格（G. B. Bilfinger）在评价中国儒家哲学文献时也认为："它完全实用，完全没有任何微妙之处。"[④]

对于中国古代是否存在逻辑思想，海外学者从古汉语是否具有逻辑特征的视角进行了详细的分析。本章我们首先讨论古汉语中是否存在"并非""蕴涵""析取"和"合取"逻辑联结词，然后讨论古汉语中的逻辑量词问题，最后讨论古汉语的语法与逻辑的关系问题。

---

① Harbsmeier, Christoph: *Logic and Language in Traditional China*, Cambridge University Press ,1998,p.7.

② D'Elia, Pasquale M.: *Fonti Ricciane, 3 Vols.* Libreria dello Stato, Rome, 1949,pp.1942－49,p.77.

③ Anon.: *Lettres édifiantes et Curieuses écrites des missions étrangères par quelques missionaires de la Compagnie de jésus, 31 vols*. N. Le Clerk, Paris,1717,p.165.

④ Bilfinger, G.B.: *Specimen doctrinae veterum Sinarum moralis etpoliticae*, Theodor Mezler, Frankfurt,1724,p.14.

第一节　古汉语中的“并非”

负命题是否定一个命题所构成的命题，负命题的逻辑形式是“并非p”，写作“¬p”（¬读作“并非”），p是负命题的肢命题，¬是负命题的逻辑联结项。负命题由肢命题和联结项两部分构成。肢命题是被否定的原命题，它可以是简单命题。负命题和它的肢命题是矛盾的关系。一个负命题的真假取决于它的肢命题的真假。何莫邪认为在中国古典文献中，我们找不到抽象的否定概念：

> 甚至当我们寻找“to deny, to negate”这个词时，即使最接近此含义的动词“非”（表示不赞成、批评，to disapprove、to criticise）也并不常见。但是，我们确实有这样的评论，其中“非”用于表示“to deny、to negate”，其相对于表示“立”的establish、assert、provide。①

葛瑞汉认为对于否定，后期墨家采取了如下的策略：

> 拒绝否认是自相矛盾的。解释为“他不拒绝它”（即否认本身）。②
>
> 拒绝是否可以接受并不取决于拒绝的数量。用“应该拒绝”来解释。③

何莫邪认为这种抽象的研究在中国并不多见，当它发生时：“从逻辑的角度来认识到所讨论的否定的概念是一种否定判断行为的心理学意义上的概念，而不是纯粹的逻辑意义上的概念。”④但是，何莫邪认为在古典汉语中，否定词的数量惊人地丰富。何莫邪全部列举了出来：⑤

> （1）“不”的英文意思是the SUBJECT does not PREDICATE。

---

①④ Harbsmeier, Christoph: *Logic and Language in Traditional China*, Cambridge University Press, 1998, p.108.

② Graham, A. C.: *Later Mohist Logic, Ethics and Science*, The Chinese University Press and the School of Oriental & African Studies, London & Hong Kong, 1978, p.79.

③ Graham, A. C.: *Later Mohist Logic, Ethics and Science*, The Chinese University Press and the School of Oriental & African Studies, London & Hong Kong, 1978, p.B78.

⑤ Harbsmeier, Christoph: *Logic and Language in Traditional China*, Cambridge University Press, 1998, pp.109—110.

(2)“非”的英文意思是 the SUBJECT is by no means correctly classified by the PREDICATE。

(3)“未”的英文意思是(temporally) not yet,(logically) not quite。

(4)“弗”的英文意思是refuse/fail to ... (the object)。

(5)“莫”的英文意思是none (of the subjects)。

(6)“无所”的英文意思是none (of the objects)。

(7)“无”的英文意思是to lack,there are none。

(8)“毋”的英文意思是make sure that not, don't!

(9)“勿”的英文意思是avoid to,don't。

(10)“微”的英文意思是if it were not for,but for。

(11)“否”的英文意思是 such is not the case,no。

对于否定的范围,何莫邪认为文言文和英文不一致,文言文中的语调也会起作用:“阅读文言文时,人们会觉得,一些由语调所带来的、在书面英语中没有标记的负担,通常是由文言文中的显性句法来承担的。”[①]何莫邪认为即使连续三个否定也不能累积起作用,文言文还是会严格按照逻辑语法工作:

> 统治者可能是精明和明智的,但不完全(非)缺乏(无)不(不)知道。but not—quite (wei 未) Lack (Wu 无) not (pu 不) know(即并不是说他没有什么不知道的)。

对于双重否定或者多重否定,何莫邪认为:

> 许多印欧语言充斥着不合逻辑的累积否定。正如亚努什·奇米耶夫斯基很久以前指出的那样,文言文完全不受它的影响。我还没有发现一个不是严格按照逻辑来解释的否定。在文言文中,任何人如果用一种与“我没有钱”相对应的词,肯定会被理解为他有钱,因为逻辑确实会鼓励人们去思考。因此,在这方面,古代中国人远比希腊人更合乎逻辑。[②]

---

① Harbsmeier, Christoph: *Logic and Language in Traditional China*, Cambridge University Press ,1998,p.111.

② Harbsmeier, Christoph: *Logic and Language in Traditional China*, Cambridge University Press ,1998,p.113.

第二节　古汉语中的“蕴涵”

判断前后两个命题互为条件关系的叫“蕴涵”，表现形式是“如果A，那么B”（符号：→）。人们通常把具有“如果A，那么B”这种结构的句子称为条件句。按照语言学和条件句表述的概念种类之间的区别，学界一般把条件句分为直陈条件句（Indicative Conditional）和反事实条件句（Counterfactual Conditionals）两大类。条件句逻辑对于逻辑学的发展是重要的，因为从逻辑学的整体来看，在某种意义上，凡是旨在刻画逻辑推理的逻辑，都是建立在澄清和研究“如果A，那么B”的真值以及涉及此类条件句的推理的形式有效性之上的。

中国古汉语中是否存在像西方传统逻辑的“蕴涵”思路呢？何莫邪认为：

> 通过编写出像“p则q”这样的句子，古代中国人在关于世界的不同陈述p和q之间建立了关系。“则”的一般作用力是，给定p，人们会期望q。这种期望的性质和强度可能因语境而异。但是通过使用助词“则”，古代中国人确定了他们所看到的（或多或少）这个世界上共同发生或伴随的规则模式。正是通过建立这样的伴随模式，他们试图在纷繁复杂的表象和事物中定位自己，并阐明他们世界中的规律。当逻辑学家使用“则”时，“则”的意义可能会变为严格蕴涵的刚性。①
>
> 古汉语区分了“每当p，那么q”（whenever p then q）的一般含义，它倾向于用“p则q”这样的句子来表达，以及“如果（在给定场合）p那么q”的特殊含义，往往以句型表达，如“若p，q”。②

直陈条件句的前件和后件都为陈述语气的语句，因此，它的前件、后件是可以单独断定真假的。而反事实条件句则是指其前件与日常语言中所表达的事实矛盾或者是这个条件句的前件为真的可能性极低，但是，这个条件句的前件与后件又存在着一定的联系。关于古汉语中是否存在反事实条件句问题，布鲁姆认为文言文中没有明确的反事实蕴涵方法，先秦学者很少使用反事实推理：

---

①② Harbsmeier, Christoph: *Logic and Language in Traditional China*, Cambridge University Press ,1998,p.115.

然而,尽管汉语语法精确地表达了蕴涵陈述前提的可能性程度以及"如果一然后"和"如果一仅一且一那么"之间的区别,但汉语没有明确的词汇、语法或语调手段来表示进入反事实领域,明确地表示所提到的事件绝对没有发生,而讨论的目的只是为了探究"可能曾经发生过或可能是"。①

从历史的角度来看,汉语并没有激励其使用者以反事实和客观的方式思考世界,这一事实很可能在很大程度上有助于维持一种知识氛围,在这种氛围下,这些思维模式不太可能出现。②

我们都知道,反事实推理对一个民族的智力发展至关重要,因为把世界想象成与现实不同的样子,是科学解释的一个重要策略。古德曼就认为:"反事实条件句的分析绝不是小题大做的小语法练习,事实上,如果我们缺乏解释反事实条件的手段,那么我们就很难声称拥有恰当的科学哲学了……相反,对反事实条件句难题的解决将有助于我们回答有关定律、确证(confirmation)和潜力的意义(meaning of potentiality)这些关键问题。"③何莫邪认为古汉语中是存在反事实推理的,王充就用反事实推理来论证传统迷信的不可接受性:

如果尧和高祖真的是龙的儿子,那么,既然后代的天性是像他们的父母一样,既然龙可以在云的背上飞,那么尧和高祖就应该能够在云上飞。④

何莫邪认为事实证明,对于这类反事实条件:(C)如果(与事实相反)是p,那么q:

中国古典作家经常"使p,则q",但是很少使用"籍p,则q"这样的模式。中国关于未来偶发事件的反事实从定义上严格地说不是反事实的:"如果他来了,我就送他回家。"这是一种遥远的假设,或者是一种不可想象但严格来说可能发生的未来事件。同样方式的反事实"使",当

① Bloom, Alfred: *The Linguistic Shaping of Thought. A Study in the Impact of Language on Thinking in China and the West*, Hillsdale, New Jersey,1981,p.16.

② Bloom, Alfred: *The Linguistic Shaping of Thought. A Study in the Impact of Language on Thinking in China and the West*, Hillsdale, New Jersey,1981,p.59.

③ Nelson Goodman: *The Problem of Counterfactual Conditionals*, The Journal of Philosophy, Vol.44, 1947,p.44.

④ Harbsmeier, Christoph: *Logic and Language in Traditional China*, Cambridge University Press ,1998,p.116.

后面跟一个从句描述将来可能发生的事件时，将引入一种遥远的或“不现实的”可能性。①

“假使”和“若使”的组合通常标记着反事实子句。荀子的组合“假之”，“让我们假设这是一个任意的假设”，与其说是反事实，不如说是理论上的假设。②

反事实词“微”，“如果不是因为，而是因为”(if it have not been for, but for)，像它的英语释义一样，完全限于反事实用法：“微”后面提到的名词必须指的是假定不存在的东西。③

反事实“微”甚至可以出现在名词主语之后：“如果殿下没有离开，表明你的怨恨并拒绝我，我(仍然)肯定会感到内疚。”④

与“随”(even if)、“微”搭配使用时，“if it was not been for”明确地构成反事实的让步从句“即使不是这样”(even if it had not been the case that)。⑤

何莫邪认为：“事实证明，明确的反事实推理在中国古代很常见。汉语中缺少虚拟语气之类的动词形式，并不会导致缺少明确的反事实词。”因为汉语中存在“使p，则q”和“籍p，则q”这样的模式，“假使”和“若使”的组合，反事实词“微”以及“随”(even if)、“微”搭配组合。

在文言文中，“则”(then)可以表示条件句中前件和后件之间的关系，何莫邪认为还有一个“故”(therefore)，“它表示从前提到结论的推理”。⑥那么，“p则q”这样的条件句和“p故q”、“p故曰q”、“p是以q”，及“p是故q”这样的推理之间的区别是什么呢？何莫邪认为：“条件句中的后件没有被断言为真，而推论的结论确定保持为真(针对前提中所指示的背景)。”⑦也就是说，何莫邪认为，“p则q”这样的条件句仅仅表示其中第二个子句的真仅以前件的真为条件，而推理“故”则表示一系列推论，断定结论的真，而“故”之前的是证明结论的依据，这两者的区别是明显的。因此，“尽管‘故’和‘则’的用法都很松散(这是我们在自然语言中所期望的)，但在整个中国早期著作中，‘则’的非断言假设力(force)和‘故’的断言力(推断力)之间的区别是相当清

---

①②③④ Harbsmeier, Christoph: *Logic and Language in Traditional China*, Cambridge University Press ,1998,p.117.

⑤⑥⑦ Harbsmeier, Christoph: *Logic and Language in Traditional China*, Cambridge University Press ,1998,p.118.

楚的”[①]。

何莫邪认为“故曰”可以在严格的逻辑语境中使用：“在其他语境中，‘故’的意思是模糊的‘因此’，如在总结式‘故曰’(thus it is said…)中，它经常引入适当的传统引语，这些引语没有任何逻辑上的暗示，而是更松散地通过之前的内容来说明或暗示其真。”[②]

第三节 古汉语中的“析取”和“合取”

析取命题是断定事物的若干可能情况中至少有一种情况存在的复合命题。在结构上，析取命题由析取肢和析取联结项构成。组成析取命题的肢命题叫作析取肢，一个析取命题的肢命题至少有两个。合取命题是陈述若干事物情况同时存在的复合命题。在结构上，合取命题由合取肢和合取联结项两部分构成。组成合取命题的肢命题成为合取肢。在合取命题中合取肢至少有两个。

一、古汉语者中的“析取”

在经典逻辑中，析取的逻辑形式可以表示为“p或者q”。其中p、q表示析取肢，“或者”是联结项。析取判断联结项也可用数理逻辑符号∨表示，“析取”命题的结构形式也可以表示为“p∨q”。就一个真的析取命题来说，必须至少有一个析取肢是真的，当然也可以都为真。

何莫邪认为，“在文言文中，询问某物是鱼还是禽的标准方法是问两个问题：它是鱼？它是禽？(Is it fish? Is it fowl?)”[③]何莫邪认为这种并列的用法足以构成析取的观点，但在这类关于同一主题的替代问题中，经常使用助词“其”(his, its)。这个问题的析取或替代性可由“抑”(or rather? Latin：an? or?)明确地提出。[④]但是，从文献上看，在古代汉语中并没有与陈述式的“或者”(or)和排他性的“或者”(or，非此即彼)等价的词。“抑”(以及“替代”回指“其”)完全局限于这类替代问题。“抑”从不出现在陈述句中。[⑤]

关于析取的表示方法，何莫邪发现，在称谓前的位置，我们偶尔会发现“若”用来表示“或者”(or)，此外，汉代开始用“或”(有的，some)来表示“或者”(or)。[⑥]

---

①②③④⑤⑥ Harbsmeier, Christoph：*Logic and Language in Traditional China*, Cambridge University Press ,1998,p.119.

古汉语如何表述析取语句“这是鱼还是禽?”按照形式逻辑,析取命题可以用“蕴涵”和“并非”来定义,析取式“p或者q”可以定义为“如果非p,那么q”,从真值函项上看,这两个逻辑表达式是逻辑等价的。古代中国人正是利用了这种逻辑上的等价。他们说的不是“这是鱼或禽”,而是“如果这不是鱼,那么它就是禽”。在古汉语中,陈述式析取的模式是“非p则q”(if not p then q)。这的确是中国古代文献中的一种流行模式。这正是我们所期望的析取。[①]

二、古汉语中的“合取”

在经典逻辑中,一个二肢合取命题的逻辑形式可以表示为“p并且q”。p、q表示合取肢,“并且”是合取联结项。在数理逻辑中,合取联结项“并且”可用符号∧(读作“合取”)来表示。这样,合取命题的逻辑形式可以表示为:“p∧q”。

在英语中,合取连接词“and”有多种用法,它有时还可表示对比或转折,如,她是银行经理,而我不过是个扫街的(She's a bank manager and I'm just a road-sweeper)。有时用于连接两个相同的词语,如,天气越来越冷了(The weather is getting colder and colder);他咳个不停(He coughed and coughed);他呻吟不已(He kept moaning on and on);他们谈了很长很长时间(They talked for hours and hours.)。用“and+动词原形”表示目的,如,我必须去帮助我母亲(I must go and help my mother)。用在祈使句后,表示结果,意为“那么”(暗示一种条件),如,努力吧,你考试会及格的(Work hard and you'll pass the examinations)。用在good, nice, fine等之后,表示“很”“挺”,如,我完全准备好了才去(I won't go until I'm good and ready)。

何莫邪认为:在古汉语中,名词性连词必须用像“与”(and,with)和“及”(and,with)这样的助词来表示,而句子连词既可以(如英语)通过简单的并列句搭配表达,也可以通过像“而”(but,then,and thus)这样的助词表达。[②]

何莫邪认为在英语中,我们会说“你再这么做,我就把你报告给警察”,从逻辑上讲,“and”是一种暗示,但是,“这种逻辑上令人困惑的、纯粹的条件式的‘及’的用法在中国早期文献中很少见”。[③]

---

①②③ Harbsmeier, Christoph: *Logic and Language in Traditional China*, Cambridge University Press ,1998,p.120.

第四节　古汉语中的“量词”

变量对于任何概括，特别是科学概括来说，都是非常有用的工具。亚里士多德系统地运用变量来阐明他所关注的一般性和抽象性，这是他作为逻辑学家取得成功的关键部分。对亚里士多德的术语变量发明，威廉·涅尔(W.Kneale)和玛莎·涅尔(M.Kneale)就认为这是逻辑技术上一种划时代的新方法。它在处理转换问题的《前分析篇》的第二章中首次被使用，没有任何解释，它似乎是亚里士多德的发明。威廉·涅尔和玛莎·涅尔评论如下：

> 在早期的作品中，一般性是通过笨拙地使用代词或例子来表示的，在这些例子中，读者可以看到特殊材料的无关性。这两种方法都被柏拉图和亚里士多德使用过。在《理想国》中，前者的一个例子是：“当事物具有相对于某物的性质时，那么那些属于某种类型的事物就是相对于某种类型的某物。”[①]

量词通常是用来表示人、事物或动作的数量单位的词，全称量词是在语句中指定范围，表示该指定范围内的全体对象或该指定范围整体的词，如“全额”“每一个”“任意”“一切”等。含有全称量词的命题叫作全称命题。全称命题是反映某类中的全部对象都具有或不具有某种属性的命题，例如，所有人都是会死的。全称命题的逻辑形式是“所有S是(不是)P”。存在量词是表示个别或一部分含义的词。含有存在量词的命题叫作特称命题。特称命题就是反映某类中有的对象具有或不具有某种属性的命题，例如，有的作家是诗人。特称命题的逻辑形式是“有的S是(不是)P”。

一、古汉语与全称量词

在经典逻辑中，全称量词用符号∀表示。在英语中，全称量词一般具有“all”结构，但是，在古汉语中，全称量词却存在不同的表述方式，与英语表述全称量词的方式存在明显的区别。何莫邪认为：

> 希腊语中的量化是通过类似形容词的词(如“all”，“every”)来实

① Kneale, William& Kneale, Martha: *The Development of Logic*, Oxford University Press, Oxford, 1962, p.61.

现,而中文主要使用类似副词的词(如皆,兼,尽,周,凡,泛,悉,各,遍),来实现如短语"古之人皆然"(the men of old were all like this)。[1]

在古汉语中,由于文言文的结构特质问题,全称量词的量化范围存在模糊不清的情况,当短语中有宾语和主语时,就会出现状语量词究竟量化哪个名词的问题。何莫邪指出:

语句"百姓皆爱其上"(HUNDRED FAMILIES ALL LOVE THEIR SUPERIOR),"皆"指主语,所以我们必须翻译成"The hundred families(或The citizens) all loved their superior",而不能翻译成"The hundred families loved all their superior"。[2]

语句"HUNDRED FAMILY ALL (各) LOVE THEIR SUPERIOR",我们必须翻译成"the hundred families each loved their superiors (not other people's superiors)",我们不能简单地翻译成"they all loved their superiors"。[3]

何莫邪认为不能把"兼"当作"皆"或"各"的同义词,对此,他进行了严格的区分说明:

"凡"(all)指所有的宾语,而不是主语。
"遍"(all)指所有的宾语,他们可能与说话者有关,而不是与主语有关。
"周"(all)指"所有宾语都普遍"出现在逻辑语境中。[4]

何莫邪认为墨家非常熟悉宾语量词,"尽"(exhaustively)是后期墨家唯一定义的普遍量词:"尽"的意思是"莫不然(none is not so)"。[5]何莫邪认为:"尽"指的是宾语,除非这个宾语是不可量化的。语句"HUNDRED FAMILIES EXHAUSTIVELY (尽) LOVE THEM"的意思就是"the hundred families loved the whole lot of their superiors"。有时宾语是不可量化的,例如,因为它是一个类似"here"的方位词。[6]

在古汉语中,全称量化可以用迂回的方式表达,何莫邪发现:组合"莫不"(none not)、"莫非"(none is not)、"无不"(there is none who not)、"无非"

---

①②③ Harbsmeier, Christoph: *Logic and Language in Traditional China*, Cambridge University Press ,1998,p.121.

④⑤⑥ Harbsmeier, Christoph: *Logic and Language in Traditional China*, Cambridge University Press ,1998,p.122.

(there is none who is not)在句法上又是不同的,“莫非”“莫不”和“无非”都是指主语,而“无不”可以指宾语。[①]

在主语无(莫)动词宾语模式中,何莫邪认为:否定的全称量词“莫”(none)总是指主语,因此我们必须将该模式翻译为“无主语动宾”。注意,“莫”不像英语中的“no”,不能放在它所修饰的名词前面,因此在任何意义上它都不是一个形容词修饰语。[②]

相比之下,何莫邪认为:“诸”[all the (members of a definite set)]、“众”(the whole crowd of)和“群”(the whole flock of)都紧跟在它们修饰的名词前面。[③]“凡”(speaking generally of)仅限于整个主语或句子的主题,它不能被用来量化内嵌的名词,就像我们刚才提到的楚王的弟弟的例子。[④]“范”仅限于整个主语或句子的主题,不能用它来量化内嵌的名词。[⑤]

二、古汉语与存在量词

在经典逻辑中,存在量词用符号∃表示。何莫邪认为文言中的存在量词是状语,如“或”(some),因此:

> “主语‘或’动词宾语”(SUBJECT HUO VERB OBJECT)模式的意思是“一些主语动词宾语”(some subjects verb the object)。如果一个人想谈论“某些对象”,他需要使用一种“主语‘有所’动词”(SUBJECT YU SO 有所 VERB)的迂回模式,意思是“主语动词和一些宾语”(the subject verbs some objects)。[⑥]

第五节　古汉语语法与逻辑

关于语言和逻辑的关系,语言是否可真的问题,很早就有学者进行关注。公元2世纪至4世纪的《密文语料库》一文就指出:“语言不可及真,但是头脑(理智)是强大的,被语言引导到一定程度,它才能可及真。”[⑦]

---

①② Harbsmeier, Christoph: *Logic and Language in Traditional China*, Cambridge University Press ,1998,p.122.

③④⑤⑥ Harbsmeier, Christoph: *Logic and Language in Traditional China*, Cambridge University Press ,1998,p.123.

⑦ Nock, A. D. & Festugiere, A. J. (eds.) *Corpus Hermeticum*, Les Belles Lettres, Paris, 1960,p.100.

语言和逻辑的关系这一问题，在古汉语中就显得尤为突出。最初，海外学者并不认为文言文和逻辑之间存在关联，他们认为文言文特别空洞，不够明确，是模糊的，和逻辑的精确性是相悖的。洪堡就认为：

> 在所有语言中，语境的意义都必须支持语法。[①]
> 在汉语中，显式语法与"可理解"语法相比，所起的作用微乎其微。[②]

关于文言文的这种不明确，一句话会产生多种理解的语法特性并非空穴来风，布雷斯（Brace）就举出了一个"知人知面不知心"的例子：

> 知人知面不知心。
> KNOW MAN, KNOW FACE, NOT KNOW HEART.
> When you know a person, you know his face but you do not know his heart.[③]

在文言文"知人知面不知心"这个语句中，"知人""知面""不知心"三个语句之间的关联词和主语都省略了，其表述的意思是隐含在语句的语境中的，因此，这会产生不同的理解。

另外，时态和冠词在古文言文中也是经常省略的，要判断一句古文言文语句的时态和冠词，需依靠句法。这一点和上面的古文言文省略关联词和主语的表达方法差不多，都是隐含在语句的语境中，因此会产生语句表达的模糊性。何莫邪就举出了一个"见义不为无勇者"的例子：

> 见义不为无勇者。
> SEE RIGHTEOUSNESS, NOT DO, LACK COURAGE PARTICLE.
> If, when you see duty you do not act according to it, that is lack of courage.[④]

海外学者认为，如果把古汉语翻译成英语，其意思就会与古汉语所表述

---

①② Humboldt, Wilhelm Von: *De l'origine des formes grammaticales, suivi de Lettre à M. Abel Rémusat.* Ducros, Bordeaux, 1969, p.102.

③ Brace, A. G.: *Five Hundred Proverbs Commonly Used in West China*, Commercial Press, Shanghai, 1925, p.12.

④ Harbsmeier, Christoph: *Logic and Language in Traditional China*, Cambridge University Press, 1998, p.144.

的内容存在着巨大的差异。对于这种现象，马塞尔·格兰特认为古汉语本质上是象形的：

> 汉语文献是如此的省略，以至于它只允许人们重构表达的思想，而不能将它们实际翻译成语言形式。①

在数学中，文言文的表述也是省略的，威廉（Wilhelm，R）举出了一个“三七二十一”的例子，这个例子用英语表述为：

> Three times seven is twenty－one。②

海外学者认为这些加入了明确的主语、关联词、时态和冠词的翻译虽然表述是明确的，但是不一定准确表述了文言文语句的真正内涵。显然，语言的模糊性会导致表述的思想产生模糊性，自然会产生不确定的思维方式。

由上可知，海外学者对于古汉语的批评主要集中在以下几点：语法模糊，文言文空洞，不够明确，逻辑与语法存在问题。事实上，语言的不确定性代表思想的不确定性，而翻译错误地将清晰性归因于一种本质上是模糊的思维方式和不确定，这和古汉语的特质有关。古汉语中，往往一个字就代表了一个词语甚至一句话。秦汉时期，单音词占绝对优势，音节有限而词义无穷，一词多义的现象极为普遍，这就造成古汉语的表述更像是意象性的。何莫邪认为构成中国语言这一特性的原因在于：“（文言文）在语法上没有强制或制度化的明确性，或语义完全性，在预期目标受众的知识背景下，它被认为在交际上是非功能性的。另一方面，中国人往往倾向于认为明确是不必要的，因为我们认为它在智力上是重要的，甚至是至关重要的，尤其是在哲学语境中。希腊哲学家，如（《柏拉图全集》中的）苏格拉底或亚里士多德，至少渴望（虽然不总是实现）一个明确的论述，以避免歧义，而中国哲学家明显少了这样的野心。”③对于这个问题，劳认为孔子的“辞达而已”准确地描述了这种情况：

> 辞达而已。

---

① Granet, Marcel: “Quelques particularités de la langue et de la pensée chinoise”, in his *Etudes sociologiques surla Chine*, PUF, Paris, 1920, p.99.

② Wilhelm, R.: *Frühling und Herbst des Lü By We* (the Lü *Shih Chhun Chhin*), Diederichs, Jena, 1928, p.76.

③ Harbsmeier, Christoph: *Logic and Language in Traditional China*, Cambridge University Press, 1998, p.145.

Words (should) get (the point) across and that is all.[①]

如何解决这一问题，陈汉生认为：

特殊的逻辑反驳的模糊形式这样表述："使中国人理解的东西并不能使西方人理解。"为了减少这种绝望，我们需要的不是一个可以在某种逻辑系统或其他系统中转化为有效论证的对话序列的总结，而是对中国人思想的一致和合法的哲学解释。但是一致的、合法的，中国人的思维的哲学解释中，可以翻译成有效的论证式。[②]

亚努什·奇米耶夫斯基就认为中国人的哲学解释可以翻译成有效的逻辑论证式：

特别是，我已经积极地证明了，中国早期思想家正确地使用了命题演算的一些简单但重要的规律，即使是在潜意识层面上，甚至是为了在认识论上站不住脚的推测。[③]

葛瑞汉认为亚努什·奇米耶夫斯基的上述表述把问题复杂化了：

他还把这个问题复杂化了，因为他从一个站得住脚的主张上滑落了下来，即这个论点可以通过将类的代数应用到一个高度可疑的假设中来检验，即公孙龙实际上在研究逻辑类。[④]

尽管亚努什·奇米耶夫斯基的观点受到了葛瑞汉的批评，但是，对于中国古代存在逻辑这一问题，实际上是葛瑞汉也是认同的。无独有偶，作为奎因的学生，成中英也持有和亚努什·奇米耶夫斯基相同的观点，他也认为中国人的思维是合逻辑的：

古典时期的汉语著作，可以从推理论证的逻辑理论和解释确证的科学方法论两个方面来研究。可以从逻辑语义和综合联结词以及分类

---

① Lau, D. C.: *Confucius: The Analects*, Bilingual edition. Chinese University Press, Hong Kong, 1983, p.159.

② 〔美〕陈汉生：《中国古代的语言和逻辑》，周云之等译，北京：社会科学文献出版社1998年版，第24页。

③ Chmielewski, Janusz: *Notes on Early Chinese Logic* Ⅱ, 1963: RO 26, no 2, p.103.

④ Graham, A. C.: *Two Dialogues in the Kung-sun Lung-Tzu*, AM, NS, 1965: Ⅱ, 2, pp.142—43.

> 的隐含模式来研究它们。还可以从哲学的角度来研究他们对真理、必然性、现实、经验和相关主题的关注。①

陈汉生、亚努什·奇米耶夫斯基、葛瑞汉以及成中英对于中国人是否有合逻辑思维的问题进行了深刻的讨论，他们认为中国人的思维是合逻辑的，古汉语语句可以翻译成逻辑的形式语言的语形，以检验古汉语中的推理式。

何莫邪认为在文言文的语境中，任何对解释文言文句子来说没有必要的东西都可以省略，但是，他也认为当中国人感到需要或迫切需要时，他们能够相当明确地写出来：

> 《易经》是一个极端，为专家翻译和读者想象留下了空间和权力。《论衡》则是另一个极端，旨在解决科学、历史和宗教事实的可疑问题，我认为耐心的文言文读者会同意，《论衡》可能在许多方面是错误的，但它并不是特别模糊。②

自16世纪后期传教士来到中国以来，海外学者对中国哲学等最感兴趣。在阅读中国哲学文本时，他们常常对这些文本中使用的汉语的省略性质感到恼火。但是，何莫邪认为这种情况在文言文中非常常见。这种明显的模糊性和扩散性，一定程度上是由于他们对文言文的词汇和语法理解不足，这种含糊不清并不是中国表达方式的一部分，只有当我们觉得必须在结构上将表达式与英语表达式匹配时，才会出现问题：

> 我们对文言文的语法只有模糊的把握，所以文言文在我们看来必然是模糊的、不确定的。我相信，随着我们对文言文语法和辞典的复杂性的了解，我们会更好地理解汉语句子的语义精确性。在某种程度上，模糊，就像美一样，存在于旁观者的眼中。③

多布森在《近古汉语》(Late Archaic Chinese，1959)中对近古汉语中的名词性用法进行重要观察。他认为：

---

① Chung—ying Cheng: *Inquiries into Classical Chinese Logic*, Philosophy East and West, 1965(15), p.21.

② Harbsmeier, Christoph: *Logic and Language in Traditional China*, Cambridge University Press, 1998, p.147.

③ Harbsmeier, Christoph: *Logic and Language in Traditional China*, Cambridge University Press, 1998, p.148.

一个作为名词使用的词对物种和标本或物种的标本都漠不关心。因此，“人”在名词意义上是作为一个物种的“智人”(homo sapiens)，“人类”(man)，或者作为一个或多个物种的标本“一个人”(a man)、“这个人”(the man)、“人们”(men)。不仅仅是数量(一个、两个或两个以上的实例之间的差异)没有区分，而且类和成员都包含在一个词中。这些区别中的某些是在决定中强加的，然后称该名词是“承诺的”，否则，它在指示这些区别时保持中立。例如，由数字或度量单位确定的名词立即成为它所表示的事物的“枚举实例”或“量化单位”。①

关于多布森的这个论述，陈汉生认为：

这是我所发现的所有语法中对名词逻辑问题最完备的处理——它居然在一个脚注里！我认为不理解汉语名词的逻辑是解释中国哲学背后的概念模式时遇到困难的基本理由之一。②

对于古汉语语法，在海外学者中是仁者见仁智者见智，各种观点参差不齐，有些观点甚至是截然相反的，这可能是海外学者对于古汉语的理解不准确造成的。从语法的视角看，古汉语语法与拉丁语或希腊语还是存在明显的区别的，这也是为何海外学者指责古汉语会产生歧义，而这种歧义恰恰是与逻辑的本质相悖的。主要区别有五点：其一，拉丁语或者希腊语的词类比文言文严格；其二，文言文的语法结构比拉丁语或者希腊语更为灵活；其三，古汉语在词汇和语法上的定义不如拉丁语或希腊语严格；其四，文言文中的名词与动词之间的区分不如拉丁语或希腊语明确；其五，古汉语的发音比拉丁语或希腊语要灵活。

事实上，语词功能不确定性在不同区域的语言中是个普遍现象，不是每一种语言的语词功能都是极其精确的，尤其是在名词、动词和形容词之间，与古汉语一样，它们的区别往往也是模糊的。例如，雷诺(Renou)认为这种现象在吠陀语中也存在：

关于这个词是形容词还是名词，主体的名字还是行动的名字，存在

---

① Dobson ,W. A. C.H: *Late Archaic Chinese*, University of Toronto Press, Toronto, 1959, pp.21—22.

② 〔美〕陈汉生：《中国古代的语言和逻辑》，周云之等译，北京：社会科学文献出版社1998年版，第65页。

着争论。[①]

因此，语词功能的模糊与精确问题，不应成为判断一种语言优劣与否的标准。在众多的海外学者中，我们认为何莫邪对于古汉语的评价是中肯的。他认古汉语语法结构的定义仅足以表达意思，但同时又足够灵活，不强加死板的结构，这种结构不服务于发音或交际目的，因此，古汉语有着自己的特有属性及优点：

> 语法的柔性和灵活不应与（机械的）语法的松散或缺乏精确性混淆。文言文语法当然比现在的描述要精确得多。生物体是结构精确的微妙的东西，它们的结构比非常先进的刚性设备要复杂得多。我想说的是，汉语的结构非常灵活微妙，类似于生物。[②]

---

① Renou, L.: "Recherches générales sur la phrase védique", In *Symbolae linguisticae in honorera G. Kurylovica*. Polish. Academy of Sciences, Section for Linguistics, 1965, vol. 5. Polska Akademia Nauk, Warsaw, 1965, p.231.

② Harbsmeier, Christoph: *Logic and Language in Traditional China*, Cambridge University Press, 1998, p.143.

第三章　海外学者视野中的中国古代逻辑概念

概念是反映对象本质属性的思维形式，是人们所要认识、思考的所有事物。它既包括自然界的现象，又包括社会中的现象，还包括人们自身的感觉。概念与语词有着极为密切的关系，概念是语词的思想所反映的内容，而语词则是表达概念的语言形式。概念也是人类认知思维体系中最基本的构筑单位。中国古代有句子的逻辑连接词以及句子的概念，但是，他们有逻辑概念吗？海外学者从"真"概念、必然性概念、"类"概念、"矛盾"概念、"属性"概念、"包含"概念、"法"概念以及"故"概念八个方面讨论了中国逻辑。本章将从这八个方面对海外学者的相关论述进行梳理和探讨。

第一节　"真"概念

中国古代有句子"真"的概念吗？对于这一问题，海外学者进行了专门的探讨。相关著作有唐纳德·门罗（Donald Munro）的《中国早期的人的观念》（*The Concept of Man in Early China*，1939）、沃森（Burton Watson）的《译墨子：基本文法》（*Trans. Mo Tzu：Basic Writings*，1963）、陈汉生的《中国古代的语言和逻辑》、埃尔曼（Elman，B. A.）的《从哲学到语言学》（*From Philosophy to Philology*，1984）、罗伯特·布兰登（Robert Brandom）的《使其明确》（*Making It Explicit*，1994）、本杰明·史华兹（Benjamin Schwartz）的《古代中国的思想世界》（*The World of Thought in Ancient China*，1985）、葛瑞汉的《后期墨家的逻辑、伦理和科学》和《论道者：中国古代哲学论辩》、何莫邪的《传统中国的逻辑和语言》、范诺登（Bryan Van Norden）的《中国早期哲学中的德性伦理与结果论》（*Virtue Ethics and Consequentialism in Early Chinese Philosophy*，2007）、罗宾斯（Robins）的《后期墨家和逻辑》（*The later Mohists and logic*，2010）、方克涛的《墨家论辩中的真》（*Truth in Moist Dialectics*，2012）、威尔曼（Marshall Willman）的《早期中国哲学的逻辑和语言》

(*Logic and Language in Early Chinese Philosophy*,2018)、牟博(Bo Mou)的《名、推理和真》(*Naming, Reference and Truth*)等。这些著作及论文主要探讨了中国古代哲学中是否存在“真”概念、“真”的语义概念的含义以及类似于“真”动词的考察。

对于中国古代哲学中是否存在“真”概念的问题,一部分学者持否定态度,以唐纳德·门罗、葛瑞汉、陈汉生等学者为代表,另一部分学者对此持肯定态度,以何莫邪、方克涛等学者为代表。

对于中国古代是否存在“真”的理论,西方学者主要从以下几个方面展开讨论的:

一、命题结构形式

有些学者从命题的结构形式来探讨命题的真伪。对于命题的基本结构而言,亚里士多德的原则基于一个绝不是中立的谓词理论。直言命题具有主谓结构,主谓结构在一定程度上决定了直言命题的真伪,这个结构有助于解释这个命题被断言时的断言力。郝大维和安乐哲就是从命题的角度分析了早期中国人缺乏对“真”的认识:

> 古汉语不像大多数西方语言那样,建立在命题表达上。名词功能的支配地位排除了把意义陈述限制于那些支配句子的主谓结构。中国古代哲学家这种关心正名的倾向,是名词功能的支配地位的一个结果。古汉语不依据句子和命题来表达语义内容的惊人主张必然以此为结果,即所有汉字都是名词,以及作为一串名词的复合名词、短语和句子。这种结果相应地使人们能够理解早期中国人缺乏对“真”或“假”问题的兴趣。汉字,作为名词,可以判断为适当或不适当;而只有命题,在真正意义上才可能是“真”或者“假”。①

对此,持有否定观点的唐纳德·门罗也认为:

> 在中国,希腊意义上的真理和谬误很少成为哲学家接受一个命题时的重要考虑因素;这些都是西方的担忧。如此(即以中国方式)构想的“真”是一种表演性的,是旨在实现预期结果的言论或行为。②

---

① 〔英〕葛瑞汉:《论道者:中国古代哲学论辩》,张海宴译,北京:中国社会科学出版社2003年版,第449页。

② Munro, Donald: *The Concept of Man in Early China*, Stanford University Press, Stanford, 1939, p.55.

陈汉生也否认了早期中国哲学家关注于阐明真理论的观点，相反地，他认为他们的主要关注点是语言的实用主义和行为指导功能，以及这些功能如何促成关于恰当的伦理话语和行为规范。他直截了当地给出了他的结论：

> 中国哲学没有“真”的概念。[①]

葛瑞汉认为，中国与西方的不同，在于中国没有使用一个使别的问题相似于真实问题的词，所以，在葛瑞汉看来，早期中国人没有“真”的概念：

> ……中国哲学思考是以“道”而不是“真”为中心。[②]

我们发现郝大维和安乐哲、唐纳德·门罗、陈汉生、葛瑞汉等学者，都认为真理是西方普遍重要的哲学概念，对于逻辑研究来说是绝对必要的。然而，他们对于中国古代是否存在真理理论持否定观点，他们认为，如果真理被认为具有主谓结构命题的语义属性，那么没有证据表明墨家在这里提出了一个关于真理的观点。也就是说，墨家断言“这是一头牛”，并不是以一种事物所属的种类来识别一种物质，而是根据所预设的标准，将一种事物与其他具有相同名称的事物联系起来，或者具体取决于建立联系的上下文。葛瑞汉认为，早期墨家最主要的兴趣是弄清个别术语及其组合在表达中的哲学含义，但是在他看来，这一发现并没有导致对主谓结构的分析。

陈汉生得出上述结论的关键原因，在于他认为“概念是理论中的角色”(A concept is a role in a theory)[③]。海纳·罗茨(Heiner Roetz)不赞成陈汉生对概念的这种理解，他反对陈汉生论文的语言特征，他认为应该用文本证据证明中国哲学中存在真理概念。尽管海纳·罗茨反对陈汉生的观点，对各种表达真理关注的古典汉语单词和段落进行了非常有趣、有见地和有用的分析，但他没有提供任何证据证明真理在任何中国理论(知识、语言、逻辑)中发挥了作用，而且他整个辩论的框架是有问题的，也没有提供充分的反驳

---

① Hansen, Chad: “Chinese Language, Chinese Philosophy, and ‘Truth’”, *Journal of Asian Studies* 44, no.3.1985, p.492.

② 〔英〕葛瑞汉：《论道者：中国古代哲学论辩》，张海宴译，北京：中国社会科学出版社2003年版，第451页。

③ Hansen, Chad: *Language and Logic in Ancient China*, The University of Michigan press, 1983, p.493.

论证。[1]

何莫邪对真理的讨论并没有明确针对陈汉生缺乏真理的论点，他的讨论和海纳·罗茨大致相同，他主要试图证明中国思想家有一个真理的概念。他认为，古代中国人可能对语言和思维采取了务实的态度。但正如实用主义者应该做的那样，他们对客观事实真相的科学概念有很多用处。希腊哲学家常常为了自身的利益而专注于事实真理和评价真理的概念，而他们的中国同行则将语言和思想更加务实地嵌入社会生活中，因此，何莫邪指出："他们的核心概念是为人处世之道，而不是客观事实或教义真理。"[2]

二、评价标准

陈汉生认为，后期墨家思想转而采用纯粹的实用主义，而不是语义的评价术语。话语的评价是以实践标准来衡量的，是"可接受的"还是"可断言的"，而不是以它们在特定的语义意义上是否正确为标准。他为这种解释提供了三个主要理由：

> 第一，中国早期的语言理论是语用的，而不是语义的，因此"真"的概念没有作用。第二，早期的中国思想家没有把句子的地位理论化，句子是承认、评价是真是假的语言单位。第三，墨家的辩证学家评价话语不是根据与"真"相对应的概念，而是根据话语是否真实"可"，这是一个具有实用主义内涵的概念。[3]

《墨子》提出了三个"标准"(三表法)。"何谓三表？子墨子言曰：有本之者，有原之者，有用之者。于何本之？上本之于古者圣王之事。于何原之？下原察百姓耳目之实。于何用之？发以为刑政，观其中国家百姓人民之利。"(《墨子·非命上》)墨家把这"三表"作为评价教诲、主张或政策的标准。对思想的解释中长期存在的一个争论，涉及这三个标准究竟是什么标准的问题。它们是用来评价一个教学是真实的、道德上正确的、实用上有用的还是其他什么？一种看似自然的解释是，标准是判断断言或理论真理的标准，

---

① Roetz, Heiner: "Validity in chou thought: on Chad Hansen and the pragmatic turn in sinology", In *Epistemological issues in classical Chinese philosophy*, ed. by Hans Lenk and Gregor Paul, State University of New York Press, Albany, 1993, pp.69—113.

② Harbsmeier, Christoph: *Logic and Language in Traditional China*, Cambridge University Press, 1998, p.207.

③ Hansen, Chad: "Chinese Language, Chinese Philosophy, and 'Truth'", *Journal of Asian Studies* 44, no. 3 .1985, pp.493—496, pp.504—506.

这种解释一定程度上是基于西方哲学的假设。针对这一问题，学者们各自提出了不同的观点。沃森将其解释为：

> 对“理论”的“有效性”的三个检验。①

本杰明·史华兹将其视为：

> “验证命题”的三个检验。②

葛瑞汉称之为：

> “断言”的三个检验，并声称它们涉及的问题是“纯事实的”。③

在最近的一次讨论中，范诺登认为：

> 它们是“真理的指示器”。④

与这些解释相反，陈汉生认为，对这些标准的最好解释是：

> 墨家关注的不是“真”，而是“恰当的词语或语言用法”或语用“主张性”。⑤

墨家并不是在处理句子是否正确的语义问题，而是在处理如何判断用词是否恰当的语用问题。对此，葛瑞汉解释说：

> 通过区分声明、行动和政策是否与墨子核心著作(《墨子》提出了墨家的“十条学说”)和墨家辩证文本中突出的标准数字相类似，来评价声明、行动和政策，这六本书形成了所谓的“后期墨家”文本或墨家“辩证

---

① Burton Watson: *Trans.Mo Tzu: Basic Writings*, Columbia University Press, New York, 1963, p.3.

② Benjamin Schwartz: *The World of Thought in Ancient China*, Harvard University Press, Cambridge, 1985, p.164.

③ Graham, A C.: *Disputers of the Dao: Philosophical Argument in Ancient China*, Open Court Publishing Company, 1989, p.37, 395.

④ Bryan Van Norden: *Virtue Ethics and Consequentialism in Early Chinese Philosophy*, Cambridge University Press, Cambridge, 2007, p.161.

⑤ Hansen, Chad: *A Daoist Theory of Chinese Thought*, Oxford University Press, New York, 1992, p.145.

法”。①

如果这三个标准不是“真”的标准，那么这些后期墨家文本是否也从某种语用地位而不是“真”的角度来评价话语？何莫邪提出与陈汉生相反的观点。他并没有完全否定中国古代有“真”概念，只是这种“真”是实用性的，区别于西方逻辑中的“真”：

在古代汉语中，“真”没有一个标准的名词。中国人倾向于将抽象的真理概念具体化或实体化，使之与事实相符……另一方面，我们将看到中国古代哲学家在很多方面关注语义真，关注句子的真理……但是请注意，俗语建议人们去做的是寻求事实而不是真正的命题或句子。中国人一直对“真”的实用性很感兴趣。②

方克涛也认为，墨家的三个标准不是“真”标准，甚至辩证文本也没有使用与“真”相对应的语义评价术语，他同意陈汉生的观点，即三个标准不是“真”标准，而是更一般的正确的概念“道”。然而，他也认识到：

它们（三个标准——引者注）并不排除对真的关注，它们的应用可能包括“真”的问题。后期墨家辩证法也没有特别关注“真”，也没有使用与“真”完全一致的概念。然而，我认为，文本确实使用了一个与“是真的”相同表述作用的术语。因此，与陈汉生的主张相反，这些文本可以合理地说具有语义“真”的概念。③

由此可见，方克涛也反对陈汉生把中国早期的语言理论看作是以语用为导向的，它们对真的概念没有任何作用，这是不能令人信服的。语用取向在很大程度上与他们是否使用这种概念无关，因此，方克涛的观点是：

如果说他们关注的是语用或规范问题，而不是语义或描述性问题，这是不准确的。更确切地说，他们正在用一个更基本的概念来进行正

① Graham, A C.: *Disputers of the Dao: Philosophical Argument in Ancient China*, Open Court Publishing Company, 1989, pp.137—170.

② Harbsmeier, Christoph: *Logic and Language in Traditional China*, Cambridge University Press, 1998, p.195.

③ Fraser, Chris: *Truth in Moist Dialectics*, Journal of Chinese Philosophy 39: 3, September 2012, pp.351—368.

确的区分，这个概念涵盖了两者。他们倾向于认为两者是一致的。[①]

正如前面讲到的，陈汉生认为，墨家关注的不是真，而是词语的使用，不是句子的正确性，这三个标准是恰当使用语言的标准，其目的是改变人们对词语的使用，不是评价论断或学说。[②]然而，方克涛也不赞成这种说法，他认为，对墨家的判断在于区分“是”与“非”，或“是什么”与“不是一个术语扩展的一部分”。因此，墨家的主要理论焦点确实是词或术语，而不是句子。但是，方克涛强调：

这一重点与评估断言或学说正确性的三个标准是一致的。这仅仅是墨家如何理解判断的结构，从而理解断言的结果。在他们的理论框架中，说话者通常通过断言一个事物的一个术语而不是通过说出一个句子来做出断言。对他们来说，一个词的表达可以具有与陈述句对我们同样的评价力。因此，他们对区别和术语的形式兴趣并不能用来否认，他们关心的是评估我们可能以句子形式表达的断言或学说。[③]

三、“真”的内涵

古代中国人关注的重点不在于事实或哲学陈述的客观真本身，而是个人和政治生活的正确方式——“道”，那么，中国人是否真的不关心真理和谬误呢？古代中国人是否有一个关于事实真的普通概念以及用于哲学概括的真？对此，何莫邪与方克涛的观点一致，他认为，当涉及事实的真概念时，我们必须区分一系列具有不同哲学意义顺序的问题：

(1)古代中国人是否对真有一个有效的概念，即他们是否关注于区分真实和不真实的句子或陈述，像我们的“是真的”或“不是真的”这样的谓词？

(2)古代中国人是如何准确(如果有的话)表达或清晰阐明一种说法是正确的？

(3)古代中国人是把真归于句子或陈述之类的实体，还是仅仅归于说真话的人？

---

①③ Fraser，Chris：*Truth in Moist Dialectics*，Journal of Chinese Philosophy 39：3，September 2012，pp.351－368.

② Hansen，Chad：*A Daoist Theory of Chinese Thought*，Oxford University Press，New York，1992，pp.143－147.

(4)中国古代所谓真的内涵是什么?

(5)古代中国人讨论过抽象名词化的真概念吗?[①]

亚里士多德在《工具论》中对“真”的定义是:因此,一个人认为分开的东西是分开的,属于一起的东西是一起的,这是正确的。何莫邪认为,古希腊的亚里士多德和中国古代哲学家荀子在对待“真”的问题上,其侧重点是不同的:

(1)亚里士多德对什么是正确的正规定义很感兴趣,而荀子用“正确的”来定义什么是讲真话。

(2)亚里士多德认为主项和谓项是分开的或属于一起的,而荀子认为谓项适用于或不适用于主项。[②]

从中我们看到,亚里士多德的定义是一个“理论定义”,与真理一致,然而,荀子的定义是社会定义,是“说真话”。亚里士多德的命题范式涉及量词和连接词,他根据量词的不同把命题分为全称、特称、单称,根据连接词的不同把命题分为肯定和否定,经常表述为“所有A都是B”之类的一般性描述。荀子和所有其他中国早期的语言哲学家一样,主要关注的是名实关系。从汉朝开始,中国已经知道这个短语“实事求是”,“并且成为17和18世纪中国的一个重要的口号”[③]。何莫邪所讲的韩非对“真”的关注,与《韩非子》文献中的内容完全相对应:

为人臣不忠,当死;言而不当,亦当死。(《韩非子·初见秦》)

循名实而定是非,因参验而审言辞。(《韩非子·奸劫弑臣》)

韩非很重视诚实和讲真话的概念,韩非把“言而不当”和“为人臣不忠”看得同等重要,提出应当根据名实是否一致,来判断一个人的言论是非。但是,何莫邪认为,韩非子对事实的追求,不是某事的适当性或相信某事的权宜之计,他谈到了诚信的重要性,因此,何莫邪断言:

它(信)与句子的真理概念相联系,但并不完全相同。或者我们可以把韩非子看作是指句子的客观真的语义概念吗?背景不够清楚,我

①② Harbsmeier, Christoph: *Logic and Language in Traditional China*, Cambridge University Press ,1998,p.194.

③ Elman, B. A.:*From Philosophy to Philology. Intellectual and Social Aspects of Change in Late Imperial China*, Harvard University Press, Cambridge, Mass,1984.

们无法作出决定。①

那么,到底什么才是"真"的语义概念呢?何莫邪解释说:

> 我们说事态存在是一回事,说一个句子、陈述或主张是真实的是另一回事。我们把后者称为真的语义概念。②

墨家关于有效推理的概念也可能与许多西方的说法不同。鉴于墨家普遍倾向于将语言的行为指导意义视为其主要功能,他们可能不得不考虑有效推理中所保留的语义属性,这种语义属性不仅是描述性的,而且也是规范性的。鉴于此,威尔曼分析道:

> 正是由于这个原因,中国早期哲学家们往往倾向于把中国的评价性术语"可"翻译成"可接受性",而不是"真",因为墨家关于正确使用句子的观念是与正确的社会行为的前提紧密相连的。这样,有效推理就被解释为具有复杂的正当性含义。③

威尔曼通过举例,说明中国古代人如何判断一个行为是否符合"仁"。当宣称一个行为x是仁道的,因为他与圣人的行为相类似,因为一个人在命名行为中断言它类似于仁道行为的模式,而类似这个模式正是有理由称呼它的条件。它的相似性包含语言使用者必须承认的规范要求,因为这是对一种语言的期望,该语言的主要功能是引导行为并鼓励适当的社会行为。所以,威尔曼总结为:

> 断言x是仁道的,就证明了应该承认它是仁道的,因为它类似的模型正是应该如何使用这个名称的正当理由。④

何莫邪指出,中国古代哲学家通过"然"与"不然"来判断语句,这里的对与错是科学的,而不是道德的对错。但是"真"是由句子决定的吗?何莫邪认为:

> 当中国人用"存在"来表示某件事是真的,我们可能会把它们解释

---

①② Harbsmeier, Christoph: *Logic and Language in Traditional China*, Cambridge University Press ,1998,p.196.

③④ Marshall Willman:"Logic and Language in Early Chinese Philosophy",见斯坦福哲学百科全书(The Stanford Encyclopedia of Philosophy,以下简称SEP)

为声称不是某句话是真的，而是一种事态的存在。可以想象，中国人想知道事态，但他们没有说或认为句子或陈述是真实的。例如，古代逻辑学家会从字面上讲事件的真实："物之然否。"[1]

正如罗宾斯所说：

> "是"和"然"是专门语义评价的术语，因为在应用于事物时声称谓词是"是"或"然"等同于断言该谓词。[2]

何莫邪通过《孟子》中的这些例子来说明，中国古代人用"然"或"不然"来判断语句的真假，如《孟子·告子上》中：

> "白羽之白也，犹白雪之白；白雪之白，犹白玉之白与？"
> 曰："然。"（《孟子·告子上》）

羽、雪、玉三者不相同，但都具有白的属性，因而，三者都属于白的类，所以是"然"。又如《孟子·万章上》中：

> 万章问曰："人有言：'至于禹而德衰，不传于贤而传于子。'有诸？"
> 孟子曰："否，不然也。"
> 万章问曰："人有言'伊尹以割烹要汤'有诸？"
> 孟子曰："否，不然。"

这段话是讲，万章问孟子："有人说到了禹的时候道德就衰败了，天下没有传给贤人而传给了自己的儿子。有这回事吗？""有人说伊尹靠烹饪来接近汤，有这回事吗？"孟子都回答说："不，不是这样的。"又如《孟子·梁惠王下》中：

> 齐宣王问曰："汤放桀，武王伐纣，有诸？"
> 孟子对曰："于传有之。"
> 曰："臣弑其君，可乎？"
> 曰："贼仁者谓之贼，贼义者谓之残，残贼之人谓之一夫。闻诛一夫

---

① Graham, A. C.: *Later MohistLogic, Ethics and Science*, The Chinese University Press and the School of Oriental & African Studies, London & Hong Kong, 1978, p. 624.

② Robins, D.: "The Later Mohists and Logic," *History & Philosophy of Logic*, 2010, 31(3), p.485.

纣矣,未闻弑君也。”

齐宣王问道:“商汤流放夏桀,武王讨伐商纣,有这回事吗?”孟子会回答说:“文献上有这样的记载。”宣王又问:“做臣子的杀掉他们的国君可以吗?”孟子说:“破坏仁的人叫作贼,破坏义的人叫作残,既贼又残的人叫作独夫。我只听说过杀了一独夫纣,没有听说过杀了国君的事。”

通过上面的事例,人们可能会怀疑,古代中国人说话和思考的是一个事件的事实,而不是一个判断的“真”。何莫邪回答说:

> 然而,这种怀疑并没有得到事实的证实。古代中国人确实经常把类似于“真”的谓词用在句子上,即使是在抽象的逻辑辩论中。①

何莫邪通过探讨《孟子》中的上述事例,认为孟子已经运用是否与事实相符来判断句子的真假。对此,得出的结论是:

> 在古汉语中,词语或句子通常被称为“真”,正如孔子所说:“诚哉是言也。”目前没有证据支持中国思想家不能或没有想到句子的真实性,或者他们不关心陈述的真实性的说法。②

在辩证法中,无论是在核心著作中,还是在辩证法文本中,“真”在概念上的作用到底是什么?在这一点上,罗伯特·布兰登的观点是:

> 对“真”概念的重建首先是问,一个表达式必须如何正确地被理解为“真”。③

关键的问题是,墨家的辩证文本是否使用了与“真”的功能相同的语义术语?很多学者得出结论,墨家文本中有一个或多个概念扮演了几乎相同的角色。亚伯拉罕·玛丽埃·德·耶稣(Abraham Marier De Jesus)认为,后期墨家确实有一个表达“真”的概念即“当”:

> 后墨家辩论的理论对真具有重要作用,如后墨家使用“当”作为关系动词,将辩论与世界事态联系起来。这种用法表明,后墨家确实有一

① Harbsmeier, Christoph: *Logic and Language in Traditional China*, Cambridge University Press ,1998,p.197.

② Harbsmeier, Christoph: *Logic and Language in Traditional China*, Cambridge University Press ,1998,p.199.

③ Robert Brandom: *Making It Explicit*, Harvard University Press, Cambridge, 1994,p.278.

个真的概念。此外,这个理论可以被合理地理解为一种“朴素”的真理对应论(由于后墨家愿意将“当”视为一个不需要解释的原始概念而变得朴素)。[①]

罗伯特·布兰登提出:

真概念的功能是表达性的:它允许我们用语言“说”和做我们本来无法做到的事情。[②]

谓语“真”不能使句子具有实质性质,它可以应用于任何一个名词化的术语,或者将一个句子标记符描述为一个以该标记符为前置的“前置句”。罗伯特·布兰登从前置句的角度论述“真”概念的作用:

类似于代词从先行词中继承指称,这样的前置句可以用“……是真的”,对一个被引用的句子(“‘白雪是白色的’是真的”)、一个句子的名词化(“That Snow is white is true”)、一个名词词组指代一个句子(“哥德巴赫猜想是真的”),或者一个量化的句子名词化(“本文中的每一个句子都是真的”)。前置句可以用断言的力量来支持由先行句表达的断言,正如有人断言“‘雪是白的’是真”的一样。这也许是真概念的主要功能:它允许我们通过暗示断言的内容并从我们自己的立场认可断言,从而将客观正确性归于断言。[③]

何莫邪还思考了像“真”的动词,他认为,中国人用来表示“是真的”这个语义场的词在古代文献中是非常丰富的,他简单地列出这些单词,并试图解释其语义上的细微差别:

(1)是:(be) this, (be) it, (be) right。
(2)非:not be this, not be it, be wrong。
(3)实:(be) solid, (be) real, (be) based on fact。
(4)虚:be tenuous, be unreal, not be based on fact。
(5)然:be so, be the case。
(6)否:be not so, not be the case。

---

① Abraham Marier De Jesus: *The Foundations of Chinese Logic*, B. A., The University of British Columbia, 2007, p.97.

② Robert Brandom: *Making It Explicit*, Harvard University Press, Cambridge, 1994, p.322.

③ Robert Brandom: *Making It Explicit*, Harvard University Press, Cambridge, 1994, p.598.

(7)有:have, exist, there is such a state of affairs。

(8)无;lack, not exist, there is no such state of affairs。

(9)诚:be honest, be sincere, be genuinely so。

(10)信:believe, be loyal, be trustworthy, be reliably so。

(11)伪:to fake, create artificially, be fake。

(12)当:to fit, fit the facts。

(13)过:to go beyond, to not fit, to not fit the facts。

(14)真:be genuine, be genuinely so。

(15)妄;be misguided, be wrong。①

通过古代文献中大量的例子证明,中国古代的动词对于句子的意思是真实的,在这个意义上,他们有一个语义真的概念。但是,他们是否把这个概念作为讨论的主题?他们是否有相对于“为真”表达方式的真的名词化概念?

海纳·罗茨意识到:

> 要回答古代中国人是否有“语义真理”概念,我们首先必须考虑正常的标准表达的含义。②

陈汉生承认真理对于接受哲学教义很重要。③值得注意的是,陈汉生所识别到的古典汉语的语言特征可能是错误的。文言文是否有句子,或者更确切地说,中国思想家是否认为文言文有句子。陈汉生并没有直接否认确实存在类似中文句子的东西,但他认为这些可以被视为“一串名称”。

何莫邪认为,因为荀子主张用实际的经验参照“远事”“近物”予以验证:“是非疑,则度之以远事,验之以近物。”(《荀子·大略》)因此,何莫邪回答:

> 证据表明他们做了。评估、测试和检查是中国古代对真的态度的

---

① Harbsmeier, Christoph: *Logic and Language in Traditional China*, Cambridge University Press ,1998,p.201.

② Roetz, Heiner: “Validity in chou thought: on Chad Hansen and the pragmatic turn in sinology,”In *Epistemological issues in classical Chinese philosophy*, ed. by Hans Lenk and Gregor Paul, State University of New York Press, Albany, 1993,p.85.

③ Hansen,Chad: “Chinese Language, Chinese Philosophy, and ‘Truth’”, *Journal of Asian Studies* 44, no. 3 .1985,p.491.

重要概念。[①]

何莫邪的断言也完全符合荀子所阐释的观点。他认为，中国人这样使用相反的术语，就避免了英语中“真”这种抽象形式所暗示的抽象实体的实质化。我们来看一个《荀子》中的事例。韩宣子曰：“吾马菽粟多矣，甚臞，何也？寡人患之。”周市对曰：“使驺尽粟以食，虽无肥，不可得也。名为多与之，其实少，虽无臞，亦不可得也。主不审其情实，坐而患之，马犹不肥也。”（《荀子·外储说左下》）根据《荀子》中的事例，何莫邪得出下面的论断：

> “实”的自然反义词是“名”。在中国古代的哲学和历史文献中，都普遍存在着坚实的事实和空洞的语言或主张之间的对立。它在中国古代知识分子的现实建构中起着核心作用。[②]

通过比较研究，我们发现，荀子批评邓析和惠施并不关心“是非然不然之情”，后期墨家也讲：“辩，争彼也。辩胜，当也。”（《经上》）“辩。或谓之牛，或谓之非牛，是争彼也。是不俱当，不俱当，必或不当。不当若犬。”（《经说上》）但是，我们认为，中国古代文献中的“是”“然”“当”等概念是古代中国人最接近明确事实的概念，尤其是“然”所扮演的概念角色，与语义真理的概念角色有足够的重叠，因此不能毫无辩护地说中国早期的思想家不关心真理。正如陈汉生所说：

> “当”的功能大致类似于中文的语义“满足”。如果由谓词和指定宾语的主语组成的句子为真，则宾语满足谓词……“满足于”在理论上接近“为真”。哲学用法的不同主要在于我们使用句子的“是真的”和谓词的“满足”……“当”与我们期望的一样接近真理的概念。[③]

后期墨家这段话也确立了其有真理概念的主张，并且可以假设其他先秦思想家也可能有一些真理的概念，可能与后墨家真理的概念相似，也可能

---

① Harbsmeier, Christoph: *Logic and Language in Traditional China*, Cambridge University Press ,1998,p.202.

② Harbsmeier, Christoph: *Logic and Language in Traditional China*, Cambridge University Press ,1998,p.203.

③ Hansen, Chad: “Chinese Language, Chinese Philosophy, and ‘Truth’”, *Journal of Asian Studies* 44, no.3.1985,p.509.

不相似。更有趣的是,似乎后墨家可能赞同一种"朴素的真理对应论"①。包括何莫邪和范诺登在内的许多学者都在争论古汉语中是否存在一些真谓词。

我们认为,陈汉生提出中国古代缺乏真理的理论,在很大程度上是基于这样的观察,即在古典汉语中没有一个单一的、清晰的词可以轻松且一致地在英语中翻译为"真理":

> 在这里,"真相"缺乏明确的对应物尤其引人注目。如果有"真理"的概念,墨家在讨论推理时会发现它很方便。传统的"逻辑学家"会首先使用这样的概念。②

但是,范诺登反驳了这一主张,他认为这是"词汇谬误",即本质上会有这样一种主张,在没有某些词汇(例如"真理")的情况下,不可能有一个与所讨论的词汇相对应的概念。换句话说,英语有一个真理的概念,因为它拥有"真理"这个词。这种说法显然是站不住脚的。

范诺登的观察很中肯,但他从不讨论对真理的"语义"描述。更重要的是,他从不在汉森的概念框架内讨论真理。范诺登确定的五个"真理"描述是:

> 对应、连贯、实用、冗余和语义。③

他继续声称所有这些理论都同意对真理的"薄弱"解释:

> 当且仅当 S 时,"S"为真。④

然而,范诺登的这一观点并不被许多西方哲学家所接受。根据上述的论证,我们发现,尽管中国古代思想家没有表现出西方人可能期望的那种对事实真的哲学关注程度,他们可能在语言和思维上采取了实用主义的方法,他们充分利用了客观事实真的科学概念,但是,他们经常问自己某些说法是

---

① Abraham Marier De Jesus: *The Foundations of Chinese Logic*, B.A., The University of British Columbia, 2007, p.33.

② Hansen, Chad: "Chinese Language, Chinese Philosophy, and 'Truth'", *Journal of Asian Studies* 44, no.3.1985, p.510.

③ Van Norden, Bryan W.: *Virtue ethics and consequentialism in Early Chinese Philosophy*, Cambridge University Press, Cambridge, 2007, p.362.

④ Van Norden, Bryan W.: *Virtue ethics and consequentialism in Early Chinese Philosophy*, Cambridge University Press, Cambridge, 2007, p.22.

否正确，在一定程度上也发现“真”概念。同时，牟博也注意到，中国哲学中关于指称问题的不同方法，基本上构成了中国哲学中不同的语义真的方法。[①]

何莫邪承认中国古代哲学中有关于“真”的探讨，但是不同于西方逻辑中的“真”概念。他特别强调：

> 我们必须小心，不要把我们西方的客观真的科学观念强加在不属于中国文本的地方。我们有充分的理由对这种不加批判的假设提出警告，即科学客观真理的概念在中国发挥了与在西方同样重要的作用。[②]

海外学者对中国古代逻辑思想中“真”概念的探讨是较为全面而深刻的，梳理他们的观点，能够深化我们对中国古代逻辑思想的理解。陈汉生最初提出的真理缺乏理论，是基于他将“概念”描述为理论中的角色。之后很多学者对此提出了批评，海纳·罗茨批评了陈汉生主张的语言方面，但错过了陈汉生论点的关键点。何莫邪证明了文言文中有代表真理的词，但未能表明这些词中的任何一个是否在某些中文理论中发挥了作用。通过上面的论证不难看出，中国古代逻辑思想中的“真”更主张实用主义的方法，一项声明的客观真实性是与它的政治适宜性、它对社会组织和个人生活的培养的实际有用性联系在一起被考虑的。后期墨家在一定程度上试图将对客观真的理论思考与自身的政治、社会、个人环境割裂开来，在中国思想史上注定处于边缘地位。

第二节　“必然性”概念

海外学者对中国古代思想中“必然性”概念的研究成果，主要有葛瑞汉的《后期墨家的逻辑、伦理和科学》、何莫邪的《传统中国的逻辑和语言》等著作，这些著作对中国古代思想中的“必然性”概念进行了详细研究。他们的研究集中在对“必然性”概念的内涵、中国古代是否存在“必然性”概念等问题的分析上。

---

① Bo Mou: *Naming, Reference and Truth, Dao Companions to Chinese Philosophy 12*, 2020, p.33－70.

② Harbsmeier, Christoph: *Logic and Language in Traditional China*, Cambridge University Press, 1998, p.208.

亚里士多德对偶然性陈述（如下雨），以及必然性或分析性陈述（如2+2=4）的哲学区别感兴趣。中国古代哲学家通常不会把这一区别作为哲学探讨的主要话题，但墨家以他们晦涩的方式，确实试图解决如何正确理解和定义他们的"必然性"概念的问题。但是，中国古代思想家是否真正关注逻辑必然性的问题，何莫邪对此持否定看法：

> 命题之间必然存在的逻辑关系，如一个命题是另一个命题的逻辑结果，在中国思想界还没有得到广泛的讨论。在这个特定的意义上，逻辑必然性并不是古代中国人所关注的问题。①

什么是必然性呢？何莫邪指出，这个世界的事实必然性是这样定义的：

> 必然性是上天所规定的。②

我们也注意到，很多全称命题的表述并不一定是必然正确的，假设"明天所有的白天鹅都死于白天鹅瘟疫，那么所有的天鹅都是黑的"这一说法通常是正确的。然而，这种说法虽然普遍正确，但也可能是偶然的，不一定是正确的，如果碰巧所有的白天鹅都死了。但是，何莫邪却认为：

> 中国古代思想家对事物的必要模式并没有一个非常精确的概念。后来，"理"成为中国哲学的一个重要概念。但请注意，这些模式或原则总是我们所拥有的这个世界的模式或原则。它们不是逻辑原则或模式。③

如果对逻辑必然性采取非常严格的观点，根据任何可想象或可能世界中的真理来定义它，那么没有明确的证据表明古代中国人曾用这种术语思考过。中国古代思想家没有明确地从考虑他们看到的世界到考虑任何人可能想到的任何可能的世界。他们确实习惯性地观察概念之间的联系，他们认为这些联系是必然的或不必然的。因此，葛瑞汉提出：

---

①② Harbsmeier, Christoph: *Logic and Language in Traditional China*, Cambridge University Press ,1998,p.209.

③ Harbsmeier, Christoph: *Logic and Language in Traditional China*, Cambridge University Press ,1998,p.210.

后期墨家相当普遍地坚持：名称和对象不是必然连接。[①]

最后，我们需要考虑的问题是，中国古代是否曾对必然性概念提出质疑，并使其成为哲学反思的主题？其实，在中国古代文献中，也出现过很多必然性推理的例子，但是，中国古代思想家并未对此进行深入的理论研究。何莫邪对此也表达了自己的观点：

毫不奇怪，有证据表明后墨家确实采取了这一步。他们确实尝试定义“必”的概念。不幸的是，他们的解释在文本和哲学上对我来说仍然晦涩难懂。[②]

第三节 “类”概念

海外学者对中国古代思想中“类”概念的研究成果，主要有安东·杜米特留(Anton Dumitiu)的《逻辑史》(*History of Logic*,1977)、陈汉生的《中国古代的语言和逻辑》、葛瑞汉的《后期墨家的逻辑、伦理和科学》和《论道者：中国古代哲学论辩》、何莫邪的《传统中国的逻辑和语言》(*Logic and Language in Traditional China*,1998)、蒂埃里·卢卡斯的《后期墨家逻辑：类、类别和种类》(*Later Mohist logic, lei, classes, and sorts*,2005)以及顾有信的《中国逻辑的发现》等著作。这些著作对中国古代逻辑中的“类”范畴进行了详细研究。他们的研究成果集中体现在三个方面：第一个方面是对“类”范畴的性质进行了分析；第二个方面是对“类”范畴含义的演变进行了解读；第三个方面是指出“类”范畴比较研究中存在的问题。

一、“类”概念性质的分析

安东·杜米特留、陈汉生、葛瑞汉对中国逻辑有着不同程度的认识，并且采用了不同的研究方法。安东·杜米特留对中国古代逻辑思想作了较为系统、简略的介绍，之后，葛瑞汉、陈汉生对中国古代逻辑思想进行了更为全面的研究。

---

① Graham, A. C.: *Later Mohist Logic, Ethics and Science*, The Chinese University Press and the School of Oriental & African Studies, London & Hong Kong,1978,p.470

② Harbsmeier, Christoph: *Logic and Language in Traditional China*, Cambridge University Press ,1998,p.212.

安东·杜米特留的《逻辑史》共四卷，在第一卷的第二章论述了“古代中国的逻辑”，其中又分六节来阐释，分别为“中国哲学和理解它的障碍”“墨家的辩证法”“名家的逻辑学家和诡辩家”“正名”“中国思维的逻辑方法以及结论”。安东·杜米特留认为，在墨家的“解释”中，可以发现许多令人感兴趣的辩证成分和一些逻辑定义，有些思想(如同一性的不同种类)我们也可以在亚里士多德的著作中找到。也就是说，他发现了墨家逻辑与亚里士多德逻辑的相同之处，承认中国逻辑的存在。但是，他也注意到两种逻辑之间的不同，因此他在结论中解释说：

> 古代中国哲学体系没有产生像古希腊亚里士多德《工具论》那样的逻辑体系。它仅仅是对逻辑的几乎所有方面的令人感兴趣的解释，这证明逻辑问题在中国思想领域不能排除在外。中国哲学思想，不仅有令人满意的对逻辑的解释，而且中国学者在这方面还有不同观点，一些学者试图将中国逻辑结构解释为一个辩证的过程，类似现代的辩证法。①

安东·杜米特留从逻辑史的角度进行阐释，对中国逻辑的内容作了大致介绍。之后，葛瑞汉、陈汉生等人对中国古代逻辑进行了更为全面的研究。英国汉学家葛瑞汉的《后期墨家的逻辑、伦理和科学》，尝试将《圣经》考证的方法运用于《墨经》研究，强调对文本的研究要重视整体的观点和构想，对文本的校改要针对上下文的关系和版本的演化源流，对文本内容的解释还要强调句法分析的作用。该书共分三部分来探讨。第一部分为引论，共分六章，分别论述了墨家哲学、文本问题、语法、技术性术语、常备的例子以及《经》《经说》的组织结构。第二部分为文本及翻译。第三部分为附录。葛瑞汉对《墨经》的考证与分析是较为详尽全面的。他还在《论道者：中国古代哲学论辩》一书中谈到“中国思想与汉语的关系”，对古汉语的特点进行了详细的比较研究。他对“类”范畴的考察渗透在对《墨经》文本的分析以及逻辑与语言的分析中，对中国古代“类”范畴有着自己的看法。

美国学者陈汉生在《中国古代的语言和逻辑》一书中指出，通过英文译著提供的关于中国学说的解释，很多的海外学者认为中国是不存在哲学的，但这并不意味着中国人的思维是非哲学的。他认为那些解释是存在问题的，那些权威的解释肯定是忽略了某些哲学上重要的内容，所以，他的目的是从自己的理解与哲学的含义上去发现和理解中国哲学。这是陈汉生与西

---

① Anton Dumitriu: *History of Logic*, Abacus Press, Tunbridge Wells, 1977, p.436.

方其他学者不同的研究目的与方式。对此，通过查阅一系列中国文本资料，他发现后期墨家的语言理论以及名家的一些怪论有类似于哲学的东西，他的目的就是去深刻理解这些学说，并发现它们与西方语言哲学的区别。陈汉生与其他海外学者观点的不同还表现在，他认为中国思想中的儒家学说是最少具有哲学倾向的一种思想，而西方大多数学者都认为儒家学说是中国思想的核心。[①]在研究方法上，陈汉生依据解释学的方法来研究中国古代思想，力求忠实客观地把握文本和作者的原意。通过分析中西思想方法的不同，他发现在中国古代思想中，语言哲学问题占有非常重要的地位，因此，他主要从语义学的角度阐述中国古代的"类"范畴。

通过对中西"类"范畴的比较研究，安东·杜米特留、陈汉生、葛瑞汉对中国"类"范畴性质的认识，本文归纳为三点：中国古代逻辑中的"类"是非抽象意义上的"类"范畴；中国古代逻辑中的"类"是部分整体学的类；中国古代逻辑中的"类"是指相似性。

（一）"类"是非抽象意义上的"类"范畴

陈汉生认为，古汉语是由"名"构成的，"名"与"实"是一一对应的关系，如《墨经》和《荀子·正名》都对名进行了分类，但所有的名"只与'实'有关，而与精神或抽象实体无关"[②]，这种分类仅仅是根据名有不同的范围。他说：

> 《墨经》最初把名分为三种类型，似乎暗示这样一种分析：如"马"指称个体的集合。这是很有诱惑力的，因为"马"被描述为"类名"。但是，这种解释把一般与个别的区别主要当作指称的范围问题，而不是指称的不同类型。荀子的处理方法更加明确。他暗示"个体"的位置只在区分或划分的最后阶段。总之，单称和普遍词项之间的区别，除了指称范围或区域的不同外，实际上没有一个清晰的直觉。一个类名仅仅是其范围被部分整体学的相似性确定的词项。[③]

依据陈汉生的分析，中国古代的名是关于指称范围大小的问题，"个体"只不过是由"名"标示和指称出来的整体之中的部分，没有抽象意义。他还指出，在墨家的表述中，每个特殊事物都有一个语词来指称，墨家所说的事物是"实类"（stuff—kind）。墨家不必担心普遍或抽象的观念，只关注自然类

---

①② 〔美〕陈汉生：《中国古代的语言和逻辑》，周云之译，北京：社会科学文献出版社 1998 年版，中文版前言。

③ Hansen，Chad：*Language and Logic in Ancient China*，The University of Michigan press，1983，p.111.

之间的相似性。“墨家对于‘类’的用法，表明‘类’是‘实类’，对应于语言中的名词。”①

陈汉生还分析了西方“类”(class)概念的特质：“类”本身就是抽象实体，它们没有时、空位置。类与集合像抽象性质和观念一样，是用来解释物质名词及其多重指称之间的一多关系的。②他从语法的角度来阐明，古汉语与西方语言在“形而上学”方面的巨大差别就是，古汉语激发的是部分与整体的二分法，西方语言激发的是一与多的二分法。陈汉生断言，在中国古代的确不存在柏拉图式的实在论，也不存在抽象的集合或类的理论。

蒂埃里·卢卡斯提出了一个新论点，即后墨家逻辑需要一个“对象种类”的领域。他断言：

> “lei”是一个概念，它结合了种类的特征(它用于将世界划分为不相关的阶级)和谓词的特征(它用于构成谓词的句子)。③

卢卡斯似乎在断言“lei”不能与“类”识别，因为它被用作谓词，而谓词可扩展地确定“类”，但它们本身不是“类”。然而，很容易看出“lei”作为谓词的这种用法并不是很有意义。毕竟，我们在英语中也使用“class”“set”作为谓语，但这并不意味着我们有理由认为“class”或“set”不能指“类”。

乔治·莱考夫(George Lakoff)和拉斐尔·努涅斯(Rafael E. Núñez)却用一种隐喻的方法来理解中国逻辑思想中的类。他们提出：

> “类”的概念是通过“类是容器”这一隐喻，使我们用它来感知、概念化和推理我们的经验。④

此外，将“lei”解释为认知容器隐喻还有一个额外的好处，那就是对必须使用哪种英语变体来翻译它保持中立。然而，它在“class”和“kind”之间的用法仍然不明确。亚伯拉罕·玛丽埃·德·耶稣认为：“lei”经常用于对比目的。的确，“lei”是在这些句子中用来表示某物和其他东西不在同一个“lei”中。”

---

① Hansen, Chad: *Language and Logic in Ancient China*, The University of Michigan press, 1983, p.117.

② 〔美〕陈汉生:《中国古代的语言和逻辑》，周云之等译，北京：社会科学文献出版社1998年版，第136页。

③ Lucas, Thierry: “Later Mohist logic, lei, classes, and sorts”, *Journal of Chinese philosophy* 323, 2005, p.361.

④ Lakoff, George and Rafael E. Núñez: *Where mathematics comes from: how the embodied mind brings mathematics into being*, Basic Books, New York, 2000, p.140.

葛瑞汉从逻辑与语言的关系入手,分析了中国古代逻辑不同于西方逻辑的原因,在于中国古汉语没有普遍词项,不能形成抽象的概念理论。通过把中国的语言与印欧的语言进行比较,他认为古汉语名词缺乏时态和数的词尾变化,没有复数的曲折变化,这也影响了逻辑的发展。古汉语的这一特点,从哲学的意义上说,也决定了古汉语是没有普遍词项的,正如葛瑞汉指出的:中国思想的趋势是分割而不是聚合,根据部分/全体而非类/成分来思考。[①]葛瑞汉举例说明中西方思维方式的不同。如亚里士多德构建实体范畴是通过提问"它是什么"来实现的,然而在古汉语中,这个问题被疑问代词"何"取代,然而"何"在中国古代文献中很少或从未提及一个特殊事物。如《墨子·非命》云:"故使言有三法。三法者何也?有本之者,有原之者,有用之者……此言之三法也。"在这里,"何"指代"三法"——"有本之者,有原之者,有用之者",因此,葛瑞汉指出:"中国人的思维不是始自特殊的个体,而是优先考虑特殊个体来源的整体或集合……亚里士多德是从单一的事物开始考察,问'它是什么',然后独立地思考。"[②]很明显,古汉语的思维是从整体划分到特殊的个体,不同于亚里士多德从个体到整体的思维方式。

葛瑞汉还引用何莫邪的观点来说明,何莫邪在给葛瑞汉的信函中,建议将古汉语的名词区分为不同的名词类型:物质名词、可数名词、类名词。他认为"类名词"有前置数词,但数的是类,如"畜"(六畜)、"兽"(百兽)就是类名词,这些可分的类名词也是可数的。[③]根据何莫邪提出的名的分类方法,中国古代思想家提出的"道""物""理""气"似乎变成了可数的类名词,因为中国古代思想家经常说"阴阳"为"二气","阴、阳、风、雨、晦、明"为"六气"。按照他的观点,中国人的思维方式就是根据可分的事物种类进行思想,因此古汉语没有普遍词项,不能形成抽象的概念理论。

葛瑞汉也讨论了墨家有关命名的理论,他认为这和荀子的《正名》一样,是纯唯名论的。如"马"名,"我们给一个特殊的对象命名为马,并把这个名用于所有与之相似的、与其同类的对象上"[④]。"马"仅是"若实"的简略表达。

---

① 〔英〕葛瑞汉:《论道者:中国古代哲学论辩》,张海晏译,北京:中国社会科学出版社2003年版,第458页。

② Graham, A. C.: *Disputers of the Dao: Philosophical Argument in Ancient China*, Open Court Publishing Company, 1989, p.419.

③ 〔英〕葛瑞汉:《论道者:中国古代哲学论辩》,张海晏译,北京:中国社会科学出版社2003年版,第459页。

④ Graham, A. C.: *Later MohistLogic, Ethics and Science*, The Chinese University Press and the School of Oriental & African Studies, London & Hong Kong, 1978, p. 32.

通过分析《经下》中的“闻所不知若所知，则两知之。说在告”，葛瑞汉认为唯名论的困难在此得到解决：“这暗示着通过语言的媒介我们从不知道X，到仅仅知道它与我们已经知道的某物相类似。墨家列举了‘白’的例子来说明：如果我们知道某物在颜色上类似于一个白的事物，那我们就知道它是白的。”[①]墨家以及荀子对名的分类，都是以“实”为基础的，不可能形成普遍或抽象的“类”概念。

对于中国没有产生抽象的“类”概念，陈汉生解释说，中国古代逻辑中没有抽象意义的“类”概念，并不表明中国思想家缺乏哲学的深度，因为“抽象理论对中国并不是不可能的，只是不必要而已”[②]。

（二）“类”是部分整体学的类

陈汉生认为，中国古代逻辑思想中的“类”概念在作用上与其对应的英语单词“class”是有区别的，它们不是“技术对等词”。“类”只能被看作部分整体学的类：

> “类”不可能是“class”的技术对等词，因为根据道家语言对比理论的精神，类这一数学概念与子类和因素的区别是“共生”的。没有任何这样的区别，“类”只能被看作部分整体学的类——仅使用（如我们将要看到的）部分整体的区别。[③]

陈汉生赞同葛瑞汉对中国古代逻辑思想中“类”的看法。他们认为，在中国逻辑思想中，对象只是被看作是不是同一种类，从来没有被看作一个“类”的因素（member）。因此，如果承认中国古代的“类”是“数学类”（mathematical class）的概念，而又没有“因素”（member）的概念，这是荒谬的。所以，中国古代逻辑中的“类”只能理解为部分整体学的类，而不是类与子类、因素的关系。

葛瑞汉认为，古汉语中整体与部分的思维方式，在公孙龙“白马非马”的论题中得到充分体现。如：

Q：白马非马，可乎？

---

① Graham, A. C.: *Later MohistLogic, Ethics and Science*, The Chinese University Press and the School of Oriental & African Studies, London & Hong Kong, 1978, p.32.

② 〔美〕陈汉生：《中国古代的语言和逻辑》，周云之等译，北京：社会科学文献出版社1998年版，第63页。

③ 〔美〕陈汉生：《中国古代的语言和逻辑》，周云之等译，北京：社会科学文献出版社1998年版，第137页。

A:可。

Q:何哉?

A:马者所以命形也;白者所以命色也。命色形非命形也。故曰白马非马。

对于上面公孙龙的论辩,葛瑞汉分析道:

> 如果我们把白马认作马的类的一个成分,这则是个不合逻辑的推理(non-sequitur);全部被证明的只是,白色并不是马。但它对公孙龙是有确定根据的,因为他把“马”之名限定于“白马”整体的这两部分之一。①

按照亚努什·奇米耶夫斯基的观点,“公孙龙表面上似乎不区别子类和元素,也不允许类的相交”,“它是一种奇怪的类逻辑”,②公孙龙是把白马表述为一个整体,把白与马作为它的部分。葛瑞汉指出,公孙龙是根据整体与部分来思考“白马非马”的,即整体不是部分,部分也不是整体,从而论证自己的论题。“马”比“白马”更具有一般性,这在中文和英文中是一样的,人们可以说“白马是马”,如果将其置于西方术语中,这种关系就是类与分子而非同一性。因此,葛瑞汉在文中评论道:

> 论证是清楚的,然而最初似乎是个明显不合逻辑的推理……而其余的似乎采用了同一性(identity)与类从属关系(class membership)的基本混淆。③

如果我们认为“白马非马”是关于类的成分的问题,那么公孙龙似乎混淆了同一性与类的成分,但是,如果他是根据整体与部分来思考的,那么,推理就没有问题,因为整体不是部分,部分不是整体,所以推出“白马非马”成立。葛瑞汉认为墨家的“体与兼”的关系,也体现了部分与整体的关系。根据墨家的“体,分于兼也。体:若二之一,尺之端也”(《经上》)的观点,葛瑞汉对“体”与“兼”的含义进行了阐释。他认为:一个单位就是一个“体”,“体”基

① 〔英〕葛瑞汉:《论道者:中国古代哲学论辩》,张海宴译,北京:中国社会科学出版社2003年版,第103页。

② 〔美〕陈汉生:《中国古代的语言和逻辑》,周云之等译,北京:社会科学文献出版社1998年版,第193页。

③ 〔英〕葛瑞汉:《论道者:中国古代哲学论辩》,张海宴译,北京:中国社会科学出版社2003年版,第99页。

本上是“身体的部分”，是“分于兼”的，“体”是一个整体中的部分。

葛瑞汉认为，陈汉生提出的古汉语名词近似于物质名词假设，对于理解公孙龙的“白马非马”也是非常有价值的，他的假定：意味着“马”的功能如同英文的物质名词“sand”（沙），而不同的马将被理解为像分散的沙砾；类/成分（class/member）关系变成了一种整体/部分（whole/part）的关系。”①葛瑞汉不太赞成陈汉生对物质名词假定的解释细节，但仍觉得非常有意义。

（三）“类”是指相似性

安东·杜米特留认为，中国古代特有的文化与文明，使中国古代哲学家的目标不同于西方哲学家。“中国哲学家并没有把追求博学和对不同问题进行抽象解决作为实际的任务……中国哲学家通常用一种简洁的、神秘的和自相矛盾的方式阐释自己的观点。他的目标不是创作哲学专著，像斯宾诺莎的伦理学一样论述更多的几何学，而是阐述格言警句，简述实体的或精神的全部体验。”②尽管如此，安东·杜米特留还是认为，中国古代逻辑与西方逻辑有着相似的任务目标。《墨经》的最后一章，有一个何为论辩家的定义：“夫辩者，将以明是非之分，审治乱之纪，明同异之处，察名实之理，处利害，决嫌疑。焉摹略万物之然，论求群言之比。以名举实，以辞抒意，以说出故。以类取，以类予。”（《墨子·小取》）对于这些论辩家的出现，他认为：“这些论辩家的目标与亚里士多德《工具论》中列出的逻辑目标是非常相似的。而且像《工具论》一样，逻辑思想的阐述都源于言语分析。”③

正是基于这一理解，安东·杜米特留着重分析了墨家的名、辞、说。首先，关于墨家对名的分类，他指出，名就像画虎一样（意欲呈现给观看者类似于真正的老虎）。名的种类有许多，如：达名、类名、私名等。其次，依照墨家“夫辞以故生，以理长，以类行者也”（《墨子·大取》）的观点，安东·杜米特留认为，墨家的辞不是固定不变的，它们是不断变化的，并指出这一思想与黑格尔（Hegel）的“观念的自我发展”相似。最后，安东·杜米特留着重分析了墨家的“说”。安东·杜米特留认为，《墨辩·小取》篇提出“说”的几种方式——“辟、侔、援、推”，都是以相似性为标准的。“如果我们想知道目前未知的或只是部分地知道的事物，就必须与已知的事物相比较。以相似性扮演了实际的逻辑角色。相似性被作为标准使用。”④安东·杜米特留清楚地认识

① 〔英〕葛瑞汉：《论道者：中国古代哲学论辩》，张海宴译，北京：中国社会科学出版社2003年版，第100页。

② Anton Dumitriu: *History of Logic*, Abacus Press, Tunbridge Wells, 1977, p.12.

③④ Anton Dumitriu: *History of Logic*, Abacus Press, Tunbridge Wells, 1977, p.19.

到，墨家的推理依据“相似性”，这是对墨家推类理论的本质阐释。

安东·杜米特留指出，《墨经》论述的另一个思想就是属种之间的不同，承认存在较高的属以及种差。如《墨子·经说下》云：“故曰‘牛马非牛也’，未可。‘牛马牛也’未可。则或可或不可，而曰‘牛马非牛也未可；牛马牛也未可’亦不可。”根据安东·杜米特留的分析，他认为牛马是一个更高的属，单独的牛、马是种，即牛马和单独的牛、马是属种关系。当然，安东·杜米特留的这一观点是值得商榷的。关于属种的逻辑，安东·杜米特留认为，古代中国人对此是非常熟悉的，如我们看到的，“如果两个种类一定要结合，可以通过更高一级的、包含两个种类的属来完成。如果把两个种类进行比较，它们或同或异”[①]。安东·杜米特留的分析具有一定的合理性，说明墨家的“类”注重类同、类异的分析。

值得注意的是，安东·杜米特留对“相同”和“相似”作出了区分：“相似的事物就是不完全相同，但是，也可能趋异和相同，因为它只是在某些特征上相同，然而在其他特征上不同。例如，所有的人在外貌上是相似的，这是按照他们属于相同的属概念而言的，如果把人体的部分进行比较，如头、躯干、胳膊，那么他们是不同的。”[②]安东·杜米特留认识到墨家的“类同”是指某些特征相同，即相似。他还分析了“异类不比”的原则。《墨子·经说下》云：“木与夜孰长？智与粟孰多？爵、亲、行、贾，四者孰贵？”依照安东·杜米特留的观点，“木与夜，智与粟，爵、亲、行、贾”，这些事物不能进行比较，因为“它们没有共有的性质，并且属于不同的属”。[③]

更为重要的是，陈汉生直接指出中国古代逻辑中“类”范畴的性质：“类”是一类非常普遍的相似性。[④]通过研究墨家与“类”有关的经文，陈汉生发现墨家的“类”是指非常普遍的相似性，他对于墨家的类同、“非类”有着自己的理解。他认为：“类同”是指“在同异范畴中特殊性最小”的。[⑤]只要事物在某一方面相同就可以认为它们是同类。陈汉生指出了中国古代“类”概念的另一个关键性的用法：“这个概念似乎至少高出‘自然种类’一步。因此墨家说牛和马是‘同类’，但是从不说白马与马是同类……同类用于断定不同自然类中事物的相似性，而不用于表示对象被一个自然类包含的关系。”[⑥]陈汉生对中国古代“类”概念的分析，抓住了其本质特征：墨家的“类”只是强调事物

---

①②③ Anton Dumitriu：*History of Logic*，Abacus Press，Tunbridge Wells，1977，p.20.

④⑤〔美〕陈汉生：《中国古代的语言和逻辑》，周云之等译，北京：社会科学文献出版社1998年版，第140页。

⑥ Hansen，Chad：*Language and Logic in Ancient China*，The University of Michigan press，1983，pp.116－117.

种类之间的相似性，忽视了“类”的包含关系。因此，陈汉生认为，把中国古代“类”的名词用法译为“相似的实”(similar—stuff)，动词用法译为“是相似的”(is similar)，似乎最为准确的。[①]他对“类”范畴的这种认识，有助于理解墨家的“以类取，以类予。有诸己不非诸人，无诸己不求诸人”的“推类”理论。陈汉生认为墨家推类中的“类”主要是用于道德判断，这也反映了早期墨家精神和关于道德判断一致性的主张，但扩展到事实判断时，“类”的用法“同样主张与判断陈述的理由保持一致”。[②]陈汉生注意到墨家的“类”注重事物的相似性，忽视了对象被一个类包含的关系，而墨家的推类正是基于“类”的这一用法。陈汉生注意到了墨家的“类”主要是从内涵方面来把握的，只是他没有明确说出。对于“非类”，陈汉生认为仅当物质质料之间的“比较不合法”“毫无意义”时[③]，才称之为“非类”。他的这一观点显然缺乏对《墨经》的深入理解，因为墨家的类同与不类是根据事物的本质属性来区分的。我们清楚地看到，陈汉生对中国古代逻辑思想中的“类”概念有着深刻的见解，把握了其根本的特征是“相似性”。

葛瑞汉论述了墨家的类概念。他指出任何事物都有一个确定的类：“假定我们确定了恰当的分类层次，所谓的特定对象也必须要明确它们的种类。”[④]对于墨家提出的“类”，葛瑞汉指出：

> 成为一类是四种相同含义中的一种，指的是“在某些方面相同”，一类事物共用相同的名字，如“马”名。[⑤]

然而，重要的是“确定类”，建立正确的分类层次。他举例说明如下：“麋鹿眼下有深眼窝，故说成有四只眼睛。如果我把此物描述为四只眼睛和四条腿，那么，我要用四只眼睛描述所有麋鹿而不是所有动物，用四条腿描述

---

① Hansen, Chad: *Language and Logic in Ancient China*, The University of Michigan press, 1983, p.116.

② Hansen, Chad: *Language and Logic in Ancient China*, The University of Michigan press, 1983, p.118.

③ 〔美〕陈汉生：《中国古代的语言和逻辑》，周云之等译，北京：社会科学文献出版社1998年版，第140页。

④ Graham, A. C.: *Later MohistLogic, Ethics and Science*, The Chinese University Press and the School of Oriental & African Studies, London & Hong Kong, 1978, p.337.

⑤ Graham, A. C.: *Later MohistLogic, Ethics and Science*, The Chinese University Press and the School of Oriental & African Studies, London & Hong Kong, 1978, p.36.

所有动物而不是所有生物,因为鸟不是四条腿。”[①]“类”(lei)在墨家逻辑中是非常普遍的。世间万物分为不同的类,类有不同的层次,都应该按照事物的本质属性来区分事物。如“生物”包括“动物”和“鸟”,“动物”包括“麋鹿”。“马”是一类事物的名,它不同于没角的牛,但这不是用来区分这两类事物的根据。

葛瑞汉认识到墨家分类是根据本质属性的不同,《墨子·经说下》云:“曰牛与马不类。用牛有角、马无角,是类不同也。若举牛有角、马无角,以是为类之不同也,是狂举也。犹牛有齿,马有尾。”葛瑞汉认为这段话告诉我们:“牛有角和马无角是‘类不同’的一个方面,但不是‘类之不同’的一个方面。很明显,与牛相区分的属性已经被确切地阐释,只是它们在文献中没有被提及。”[②]也就是说,区分事物是否为同类,是按照墨家提出的“偏有偏无有”的特征来区分的。所谓“偏有偏无有”是指该物类普遍具有,其他物类普遍不具有的特征,即事物的本质属性,而不是任意的特征,只是这一点在墨家文献中没有明确阐述。

对于“同”和“若”之间的关系,葛瑞汉认为墨家并没有讨论,但同时指出:“‘同’的前三种意义(重同、体同、合同)与相似性没有关系,成为‘一类’不仅仅暗示X和Y是相似的,相似性是把它们分在一起的原因,用相同的名字称谓它们,把它们作为相同的事物。”[③]

对于中国古代逻辑与西方逻辑中的“类”概念之间的关系,葛瑞汉说,我们不能简单地把后期墨家的术语和西方的哲学词汇相等同。因此,他明确指出了它们之间的区别:

> 对于我们来说,牛和马是集合(classes),对于后期墨家来说,它们是类(lei),但是这不能说明我们可以用“class”翻译“lei”。在英语中X和Y是或不是Z类(class)中的元素,在汉语中,X和Y是“类同”或“不类”。[④]

---

① Graham, A. C.: *Later MohistLogic, Ethics and Science*, The Chinese University Press and the School of Oriental & African Studies, London & Hong Kong, 1978,p.37.

② Graham, A. C.: *Later MohistLogic, Ethics and Science*, The Chinese University Press and the School of Oriental & African Studies, London & Hong Kong, 1978,p.319.

③ Graham, A. C.: *Later MohistLogic, Ethics and Science*, The Chinese University Press and the School of Oriental & African Studies, London & Hong Kong, 1978,p.336.

④ Graham, A. C.: *Later MohistLogic, Ethics and Science*, The Chinese University Press and the School of Oriental & African Studies, London & Hong Kong, 1978,p.169.

我们不难发现，葛瑞汉对后期墨家“类”范畴的解读与陈汉生的观点基本一致：认为中国古代逻辑中的“类”主要是指相似性，中国古代没有产生抽象的“类”概念，中国传统的类(lei)概念是最基本的文化认知的观念，与西方逻辑或数学意义上的集合(set)概念或类(class)概念是不一致的。在论述过程中，尽管他们的有些观点存在认识上的不足，但总体来说，他们已经把握了中国古代逻辑中“类”范畴的特殊性质。

二、“类”概念含义演变的解读

何莫邪对“类”概念(concept of class)进行了集中论述，他在《传统中国的逻辑和语言》一书中，用了整整一节的内容对中国古代逻辑中“类”概念的发展演变进行了分析。

关于中国古代逻辑中“类”范畴的性质，学者们有着不同的观点，有学者认为：

> 一阶谓词逻辑可以被看作类或集合的理论。像中国逻辑著作中公孙龙的白马论，在过去也被当作中国人对类(class)或集合(set)的反映。①

关于这个问题，亚努什·奇米耶夫斯基持肯定态度，而葛瑞汉却不赞成这种观点，他认为“对象不能作为类的成分，而是作为同类或不类。我们可以说牛是同类，但是我们不能使用这一术语来讲述白马和马”②。何莫邪认为，他们都没有提供详细的“类”概念的发展史来论证自己的主张，他对此进行了详细论述，说明中国古代逻辑中的“类”不同于西方逻辑中的“类”。

何莫邪认为“类”概念在科学史上是一个重要的概念，它贯穿于人类科学发展的始终。语言中的每个词“代表人类环境的分类或归类”，但是这并不表明“每种语言一定有抽象的类概念”③。在谈到归类和分类法时，何莫邪总结出：

> 中国人比其他民族更专注于分类。在中国，“类”概念或范畴的发展始于祖先群、种族群、动物类、生物类、自然类，最后成为人类定义的事物集合。④

---

①③④ Harbsmeier, Christoph: *Logic and Language in Traditional China*, Cambridge University Press, 1998, p.218.

② Graham, A. C.: *Two Dialogues in the Kung－sun Lung－Tzu*, AM, NS, 1965: Ⅱ, 2, pp.128－52.

何莫邪详细论证了“类”概念的发展过程。在他看来“类”最初的含义是祭祀；后来逐渐成为道德意义上的“善”；当“善”的含义消失的时候，一个新的含义出现了，即根据它们共同的祖先而形成的种族群，如当孔子提出“有教无类”时，他意指人们之间没有任何种族差别。

之后，何莫邪把“类”概念的含义分为生物类(biological kinds)、形而上学的类(metaphysical categories)、相似群(similarity groups)、解释类(explanatory categories)以及语义类、类和子类(semantic categories, categories and subcategories)五种。他对“类”的这五种含义进行了详细论述。

(一) 生物类

随着类概念的自然发展，类由种族群的含义逐渐发展为生物类。何莫邪认为，“虎之与人异类”(《庄子·人间世》)中的“类”已经具有生物类的含义。“草木畴生，禽兽群焉，物各从其类也”(《荀子·劝学》)中的“类”，从某种程度上说，具有某种抽象的力量。在儒家荀子的类推中，可以看到人类和自然类。而且中国人对于福和祸的界定也是基于类概念的，如《荀子·天论》云：“顺其类者谓之福，逆其类者谓之祸，夫是之谓天政。”

那么，中国古代的“类”概念是什么样子呢？何莫邪以海外学者的视角分析道：“源于《说文解字》的字典将会按照动物所属的类描述它们。特别是对于中国人，类不一定是根据更高一级的、种包含在内的一般的属来界定，而是经常举例。”①

在何莫邪看来，随着“类”概念的发展，它不再作为特殊的生物类，而是作为普遍的自然类。通过分析“万物殊类殊形，皆有分职，不能相为”(《吕氏春秋·图道》)和“凡举事无逆天数，必顺其时，乃因其类”(《吕氏春秋·仲秋》)，何莫邪指出：“一事物所属的类决定了它的行为……意识到自然类实践上的用途，对于古代中国人是足够的。”②对于《易经》中“本乎天者亲上，本乎地者亲下，则各从其类也”，他认为这一观点表明：“自然类的概念与同源的概念是相联系的。”③

(二) “形而上学”的类

《易经·上经》中的“牝马地类”，在何莫邪看来就是“形而上学”的类，因为：

---

①②③ Harbsmeier, Christoph: *Logic and Language in Traditional China*, Cambridge University Press, 1998, p.220.

> 类概念不必同生物或物理的分类相一致。我们经常有一个使用五行的名称来划分“形而上学”的类。①

《易经·系辞下》云“古者包羲氏之王天下也……于是始作八卦，以通神明之德，以类万物之情”。何莫邪认为这是《易经》的核心，并指出：

> 《易经》把“类”概念描述为“类，分类”，所包含的“类”具有深刻的形而上学特征。②

何莫邪认为，《吕氏春秋·有始》中的“天地万物，一人之身也，此之谓大同……天斟万物，圣人览焉，以观其类”语句，说明了“类”概念的重要性，在某种意义上，万物遵循它们的类，为了更好地了解万物，我们必须了解“类”。不管怎样，这是圣人一直追求的东西。

为什么“类”概念有如此重要的作用呢？何莫邪列举了同类事物互相感应的事例来说明。“类固相召，气同则合，声比则应。鼓宫而宫动，鼓角而角动。平地注水，水流湿；均薪施火，火就燥。”（《吕氏春秋·应同》）“同类相从，同声相应，固天之理也。”（《庄子·渔父》）“物类相动”（《淮南子·天文训》）。

何莫邪并不赞同“夫物类之相应，玄妙深微，知不能论，辩不能解”（《淮南子·览冥训》）的观点，他认为：“形而上学的相似到相似（like to like）同感的概念，在中国思想史中是最重要的。”③

另外，何莫邪也看到“形而上学”的类概念在其他领域中的重要作用：“在古代中国医学中，类观念扮演着重要的角色，如著名的《黄帝内经·素问》，在五行之中，通过把万物描述为‘类火’，进行系统地宇宙地归类等。在中国的艺术理论中，宇宙同感（cosmic resonance）的思想也有它的影响。”④

（三）相似群

通过分析“非君也，不类”（《左传·庄公八年》），何莫邪认为这里的类就是相似，“类”概念从自然类或形而上学的类发展到了普遍的相似类。对于类的相似群，何莫邪认为孟子对此进行了详细的论述：“故凡同类者，举相似也。何独至于人而疑之？”（《孟子·告子上》）根据孟子的观点，属于同类的事物在某些方面相似。

---

①② Harbsmeier，Christoph：*Logic and Language in Traditional China*，Cambridge University Press，1998，p.221.

③④ Harbsmeier，Christoph：*Logic and Language in Traditional China*，Cambridge University Press，1998，p.222.

何莫邪指出,4世纪时,类概念指称相似群的观念被稳固确立。通过分析“故法不能独立,类不能自行;得其人则存,失其人则亡”(《荀子·君道》),他强调类概念与人之间的关系:“类不再完全是传统的或自然给予的,它们也被视为人们所创立的。”①

荀子把“类”与“法”并用,使“类”具有社会秩序和准则的含义。因此,何莫邪说,“类”作为相似群的含义在中国古代逻辑史中是非常重要的:“一方面它在管理理论(administrative throry)中发挥作用,另一方面在中国推理(rensoning)和解释(explanation)思想中起着重要作用。”②

(四)解释类

在这一部分,何莫邪对《墨子》《孟子》《荀子》《韩非子》《吕氏春秋》以及《刘子》等书中的“类”概念,进行了详细的论述。通过分析《墨子·非攻下》中的“子未察吾言之类,未明其故者也”,何莫邪认识到类概念在墨子逻辑学中的地位:

> 墨子的类观念是核心观念之一……墨子把“类”和“故”同等地连在一起。这样一个类名可以详述所包含的类。③

何莫邪还引用墨子反驳公输盘的话“义不杀少而杀众,不可谓知类也”(《墨子·公输》),说明墨子非常重视“知类”,不“知类”实际上就等于完全不了解墨子。

《孟子·告子上》云:“指不若人,则知恶之;心不若人,则不知恶。此之谓不知类也。”在何莫邪看来,孟子的这种论辩方法与墨子相同:

> 根据墨子和孟子的观点,我们知道解释类似乎具有从一个相似的事例推断出另一个事例的能力,并且有关的相似事例被认为是一类。这样的一个推断过程后期墨家称之为“推”。④

何莫邪指出墨子的类比论证完全是借助于类概念实现的,他用《墨子·公输》中的事例加以说明:“子墨子见王曰:‘今有人于此,舍其文轩,邻有敝舆而欲窃之;舍其锦绣,邻有短褐而欲窃之;舍其粱肉,邻有糠糟而欲窃之。

---

①②③ Harbsmeier, Christoph: *Logic and Language in Traditional China*, Cambridge University Press, 1998, p.223.

④ Harbsmeier, Christoph: *Logic and Language in Traditional China*, Cambridge University Press, 1998, p.224.

此为何若?'王曰:'必有窃疾矣。'子墨子曰:'荆之地方五千里,宋之地方五百里,此犹文轩之与敝舆也;荆有云梦,犀兕麋鹿满之,江汉之鱼鼋鼍为天下富,宋所为无雉兔狐狸者也,此犹粱肉之与糠糟也;荆有长松、文梓、楩楠、豫章,宋无长木,此犹锦绣之与短褐也。臣以三事之攻宋也,为与此同类。臣见大王之必伤义而不得。'"何莫邪对这段话进行了阐释:

> 对于墨子来说,在上述对话中类不仅是确定的自然类,它还是相关的相似群以及在有关方面相似的事物的集合。"知类"就意味着辨别与论证有关的相似性。①

他还大量引用孟子的话,来说明"孟子非墨子,其辩言正辞则与墨同",如《孟子·梁惠王上》云:"挟太山以超北海,语人曰'我不能',是诚不能也。为长者折枝,语人曰'我不能',是不为也,非不能也。故王之不王,非挟太山以超北海之类也;王之不王,是折枝之类也。"《孟子·公孙丑上》云:"麒麟之于走兽,凤凰之于飞鸟,太行之于丘垤,河海之于行潦,类也,圣人之于民,亦类也。"何莫邪认为上述两段话中的类概念与墨子的类概念是完全相同的。但何莫邪也看到孟子的"充类",如《孟子·万章下》云:"夫谓非其有而取之者盗也,充类至义之尽也。"对此他解释说,孟子把类思想推行到极致称之为"充类"。对于孟子而言,"充"意味着把一个类提高到它的逻辑极限,行进到极致。

何莫邪分析了《孟子·尽心下》中的"人皆有所不忍,达之于其所忍,仁也;人皆有所不为,达之于其所为,义也。人能充无欲害人之心,而仁不可胜用也;人能充无穿踰之心,而义不可胜用也……士未可以言而言,是以言饴之也;可以言而不言,是以不言饴之也。是皆穿踰之类也"。他指出,类概念是相当抽象的,孟子的"充类"思想,有时产生令人难解的话。

从"多言繁称,连类比物,则见以为虚而无用"(《韩非子·难言》),以及"磐石千里,不可谓富;象人百万,不可谓强。石非不大,数非不众也,而不可谓富强者,磐不生粟,象人不可使距敌也。今商官技艺之士,亦不垦而食,是地不垦与磐石一贯也。儒侠毋军劳显而荣者,则民不使,与象人同事也。夫祸知磐石象人,而不知祸商官儒侠为不垦之地、不使之民,不知事类者也"(《韩非子·显学》)。这两段话的理解中,何莫邪指出:

① Harbsmeier, Christoph: *Logic and Language in Traditional China*, Cambridge University Press, 1998, p.224.

> 解释说话的困难，韩非子认为事物之间进行这样的类比，可能会产生与目的相反的结果……但是韩非子也确信理解类的重要性。①

接下来，何莫邪分析了荀子的类概念。他从《荀子·儒效篇》中的“……是大儒之征也。其言有类，其行有礼”中理解到：“荀子把‘类’和‘礼’并提。按照他的观点，发言的目的就是抓住自然规律，即在自然类和人们创立的人工类中固有的规律。”②何莫邪把荀子的“多言而类，圣人也”（《荀子·大略篇》）理解为：“单词类成为荀子高度思想赞扬的术语。”③

对于庄子的类概念，何莫邪认为《庄子·齐物论》中的“今且有言于此，不知其与是类乎？其与是不类乎？类与不类，相与为类，则与彼无以异矣”，这段话完全表现了庄子的“无类”思想：

> 道家哲学家庄子把自身提高到包含归类的推理类型之上。他在标题为“齐物论”的文章中，建立了最高的类，在这最高的类中万物都是齐一的。④

何莫邪高度赞扬了《吕氏春秋·别类》篇的内容：

> 如果中国文化能够成为伟大科学发现的摇篮，那是因为庄子的观点实际上并不是中国知识分子的独特实践。更有代表性的是百科全书《吕氏春秋》中的“别类篇”所表现出来的思想。⑤

《吕氏春秋·别类》云：“物多类然而不然，故亡国戮民无已。夫草有莘有藟，独食之则杀人，合而食之则益寿。万堇不杀，漆淖水淖，合两淖则为蹇，湿之则为干。金柔锡柔，合两柔则为刚，燔之则为淖。或湿而干，或燔而淖，类固不必，可推知也？”“小方，大方之类也；小马，大马之类也。小智，非大智之类也。”何莫邪认为上述段落清楚地展现了建立类的困难。他还详细论述道：

> （《吕氏春秋》的——引者注）作者仔细考虑了对于形式推理类概念的潜在性。你可能会认为如果两种植物都是有毒的，它们合在一起会有双倍的毒。事实并非如此。你可能认为小马与大马同类，通过类比、

---

① Harbsmeier, Christoph: *Logic and Language in Traditional China*, Cambridge University Press, 1998, p.225.

②③④⑤ Harbsmeier, Christoph: *Logic and Language in Traditional China*, Cambridge University Press, 1998, p.226.

推类，你推断出小智与大智同类。也不是如此。①

何莫邪还引用《吕氏春秋·别类》中的一个玩笑："鲁人有公孙绰者，告人曰：'我能起死人。'人问其故，对曰：'我固能治偏枯，今吾倍所以为偏枯之药，则可以起死人矣。'"他认为：

像许多其他的笑话，这个笑话是基于一个错误的类比，错误类比本质上就是把不在有关方面相似的事物放到同类中。②

何莫邪对《吕氏春秋·别类》尤其感兴趣，他认为又找到了一个有趣的故事：

相剑者曰："白所以为坚也，黄所以为韧也，黄白杂则坚且韧，良剑也。"

难者曰："白所以为不韧也，黄所以为不坚也，黄白杂。则不坚且不韧也。又柔则锩，坚则折。剑折且锩，焉得为利剑？"

剑之情未革，而或以为良，或以为恶，说使之也。

为什么相同的剑却出现完全不同的评价呢？何莫邪认为，这是因为作者在不同的类中给事物归类造成的：在"坚"类中给事物归类，同时又在"不韧"的类中给事物归类，就会出现相互矛盾的结果。

何莫邪还提到了让他感兴趣的文本《刘子》，并把它归于文学评论家刘勰的著作。他指出，《刘子·审名》中的"专以类推，以此像彼，谓犬似玃，玃似狙，狙似人，则犬似人矣。谓白似缃，缃似黄，黄似朱，朱似紫，紫似绀，绀似黑，刚白成黑矣"，这段话的贡献在于："在逻辑上论证了相似群不能建立一类，也论证了对相似关系传递性的反对。"③他和路德维希·维特根斯坦都很高兴看到这一推理。

（五）语义类、类和子类

刘熙在他的训诂著作《释名》的自序篇中写道"夫名之于实，各有义类"。在何莫邪看来，在中国传统词典编纂中，我们有一个语义类观念，并指出，当郑玄精确地解释"九夷"为"东方之夷有九种"时，他似乎已经使用类似于种

① Harbsmeier, Christoph: *Logic and Language in Traditional China*, Cambridge University Press, 1998, pp.226—227.

②③ Harbsmeier, Christoph: *Logic and Language in Traditional China*, Cambridge University Press, 1998, p.227.

的概念。

> 《春秋繁露·深察名号》:“物莫不有凡号,号莫不有散名如是”,“凡者,独举其大也。享鬼神者号一,曰祭;祭之散名:春曰祠,夏曰礿,秋曰尝,冬曰烝。猎禽兽者号一,曰田;田之散名:春苗、秋搜,冬狩,夏猕;无有不皆中天意者”。何莫邪从中分析出:“凡号”的概念指的是普遍的术语或属,“散名”指种或种类。①

综上所述,何莫邪对中国古代逻辑中“类”范畴的含义演变进行了详尽考察。与中国学者不同的是,他还对中西逻辑中的“类”范畴进行了比较:“中国传统类(lei)概念与我们关注的核心——纯逻辑的类(class)概念之间有着强烈的对比……古代中国传统类概念与逻辑上的数学集合(set)概念或类(class)概念是不一致的,它更多是沿着我们所说的‘自然类’和解释类的道路演变。”②所以,在对“类”概念深刻理解的基础上,他总结出:“以上我们所研究的不是抽象的数学类观念或集合观念,它完全是古代中国最基本的文化认知的(以及管理的administrative)观念。”③

三、“类”概念比较研究的问题

顾有信在《中国逻辑的发现》一书中详细考察了中国逻辑,他借通过分析中国近代西方逻辑学的传入过程,将中国近代逻辑的发展分为五个阶段。第一阶段为首次相遇:明末清初耶稣教会的逻辑。顾有信指出,17世纪西方逻辑思想由耶稣会传教士和他们的土著合作者首次传入中国,但并没有引起中国学者的兴趣。第二阶段为偶然的序曲:19世纪新教会著作中的逻辑。18世纪西方逻辑在中国的传播中断,直到19世纪初,基督教的传教士再次引导中西互动。第三部分为伟大期望:严复和欧洲逻辑的发现。对严复译著《穆勒名学》和《名学浅说》中的术语进行了对照评析。第四阶段为传播言语:清朝末年教育和流行著作中的逻辑。梳理了1902—1911年日本著作翻译中的逻辑术语以及1623—1921年“逻辑”一词的中国翻译。第五阶段为遗产挖掘:中国逻辑的发现。孙诒让重建《墨经》文本对中国逻辑的发现做出了极大的贡献,然后分析刘师培、章炳麟、梁启超、王国维等人的中国逻辑

---

①② Harbsmeier, Christoph: *Logic and Language in Traditional China*, Cambridge University Press ,1998,p.228.

③ Harbsmeier, Christoph: *Logic and Language in Traditional China*, Cambridge University Press, 1998,p.229.

的发现。

（一）中西逻辑“类”范畴的比较

顾有信认为，最初西方逻辑思想是由明末清初的耶稣传教士引入中国的，他认为这个时期传入的内容主要包括西学的教育体系和知识体系的框架以及哲学与逻辑在其中的作用，而传入的具体逻辑内容是以“十范畴”为主的中世纪古逻辑部分。因此，在《中国逻辑的发现》一书中，他首先分析了耶稣会教育知识体系以及耶稣著作中的逻辑思想。他在“早期耶稣著作中的逻辑”一节中提到：

> 中国的读者最早在艾儒略两个简短的文本《职方外纪》和《西学凡》中，知道存在一种独立的称为“逻辑”的研究领域，在西方哲学、科学和教育中扮演重要作用。①

尽管艾儒略的《职方外纪》对西学知识体系的介绍比较简单，但基本框架是非常清晰的。其中“落日加”“费西加”“默达费西加”“玛得玛第加”，即逻辑、物理（自然科学）、形而上学、数学四科的知识总和构成哲学，而逻辑则是哲学的根基。

在《中国逻辑的发现》一书中，顾有信在谈到艾儒略的《西学凡》中的“五公称”理论时，首先提到了“类”范畴。他认为所谓的“五公称”与“类”范畴有着密切的联系：

> 一门是万物五公称之论，即万物之宗类，如生觉灵等；物之本类，如牛马人等；物之分类，如牛马人所以相分之理；物类之所独有，如人能言、马能嘶、鸟能啼、犬能吠、狮能吼等；物类听所有无物体自若，如艺于人、色于马等。②

从上面的论述，我们不难发现艾儒略所提及的“五公称之论”（万物之宗类、物之本类、物之分类、物类之所独有、物类听所有无物体自若）其原意是与波斐利将亚里士多德“四谓词”（属、特性、偶性、定义）系统化为属、种、种差、特性、偶性（亦称“五旌”）相同的。但是顾有信认为：“艾儒略在引进这一公式化的表述时，没有提及原文的基础或者任何相关的哲学家。”③

顾有信认为产生这一现象的原因在于：

---

① Joachim Kurtz：*The Discovery of Chinese Logic*，Brill Academic Pub，2011，p.37.

②③ Joachim Kurtz：*The Discovery of Chinese Logic*，Brill Academic Pub，2011，p.40.

> 分类在中国自然哲学的众多分支和文本注释中有着悠久的历史，因此，艾儒略可以借用完善的术语类(lei)去相当明确地创造。但是，因为他对“公称”本身未解释，从这段话中，中国读者可能仅仅学到的是西方逻辑学生对一些提炼和有说服力的分类法的专注。[①]

关于“类”与西方逻辑的关系，顾有信在“严复与欧洲逻辑”这一节中进行了详细的对比，他认为严复在《穆勒名学》的翻译中，创造了大量的词汇，并把这种翻译与随后的《名学浅说》中的翻译进行了对比(见表1)。他创造新词的方法大都是折中其他翻译者的个人术语，依照简洁的思想，尽可能使用单音词，如他翻译亚里士多德的“五谓词”为“类、别、差、撰、寓”。

表1 严复翻译的逻辑术语[②]

英语术语	穆勒名学(1903—1905)	名学浅说(1909)
2.9 genus	类	类
5.11 classification	分类	区分物类、类族辨物
5.25 method of agreement	统同术	统同术、类异见同术

(二)“以类取，以类予”与三段论的比较

顾有信在“作为欧洲逻辑的中国逻辑”(Chinese Logic as European Logic)一节中指出，随着清朝末年逻辑学的不断传入，欧洲逻辑开始在中国扎下了根。中国学者试图在中国文本中寻找自己的逻辑。顾有信在评论梁启超的比较逻辑时又一次提到了“类”。梁启超相信读者能够理解他从《墨经》中的引用，而没有进行解释，也没有考虑到可能对文本的破坏。

名：“以名举实”。梁启超注：墨子所谓名，即论理学所谓名词(Term)也。辞：“以辞抒意”。梁启超注：墨子所谓辞，即论理学所谓命题(Proposition)也。说：“以说出故”。梁启超注：墨子所谓说，即论理学所谓前提(Premise)也。逻辑必须一直依赖三段论。三段论的第一部分是大前提，第二部分是小前提。进一步注释：如果说墨子的解释专门提出了小前提这是错误的。

对于梁启超的这种论述，顾有信认为是有问题的，其中就包含对“类”的

---

① Joachim Kurtz: *The Discovery of Chinese Logic*, Brill Academic Pub, 2011, p.40.

② Joachim Kurtz: *The Discovery of Chinese Logic*, Brill Academic Pub, 2011, pp.177－182.

理解是否精准的问题：

> 但是，这更让人怀疑，是否读者能够直觉地推出梁启超更有创造性的选择，比如他为“结论”和“中项”提出的对等物可以说明。不要担心犯含糊不清的谬误，梁启超首先建议，从墨家的三个语词提取出人工的复合正如所引用的名词、命题、前提。第二，他重新定义墨家自古代在“class”或“kind”的意义上使用的术语类(lei)，为亚里士多德“中项”。①

对于《小取》中提到的“以类取，以类予”，梁启超指出：墨子所谓类，殆论理学所谓媒词(Middle Term)也。论理学三段论法，凡含三名词。其断案之主位名词，亦曰小词；其断案之宾位名词，亦曰大词；其不见于断案之名词曰媒词。媒词者，在大前提与小前提之间为取，在小前提与断案之间为予者也。

对于梁启超把“以类取，以类予”与欧洲三段论进行比附的现象，顾有信认为这两种逻辑之间还是存在差异的：

> 在这些例子中，梁的倾向是投入更多的空间来解释他所翻译的墨家概念的逻辑术语，而不是证实他所明确选择的逻辑术语，这是非常引人注目的。然而，这种趋势与他的无视是一致的，如果含蓄一点地说，他客观地从《经》中挖掘出了演绎推理中完全系统的化石痕迹(fossilized traces)。他所确定的“逻辑”“词项”“命题”“前提”“结论”和“中项”，这些关键概念的对等物，都需要把它们与三段论推理的形式完全地联系起来。显然，梁没有必要对此进一步进行拓展以发现，暗示命题量和质的意识的术语，以及按照它们在有效三段论中被连接的格。②

综上所述，顾有信认为把中国逻辑中的“类”范畴与欧洲的“类”范畴进行比附是有问题的，把依据“类”范畴建立起来的推理思想与欧洲的三段论进行比附也是存在问题的。与当代西方的其他学者不同，顾有信在《中国逻辑的发现》一书中高度评价了中国逻辑，他认为通过分析概念、思想以及体制的转换，可以使得学界接受有着两千多年发展历史的中国逻辑。进而，借助于重建中国逻辑，以此作为一个认知改变的范例，从而进一步诠释中国思想史，为全球科学史和哲学史添加上曾被忽视的一部分。

---

① Joachim Kurtz：*The Discovery of Chinese Logic*，Brill Academic Pub，2011，p.320.

② Joachim Kurtz：*The Discovery of Chinese Logic*，Brill Academic Pub，2011，p.321.

(三)研究不足

当然,海外学者对“类”范畴的研究也存在一定的不足。如安东·杜米特留分析了《墨子·经说下》中的:“故曰‘牛马非牛也’,未可。‘牛马牛也’未可。则或可或不可,而曰‘牛马非牛也未可;牛马牛也未可’亦不可。”他认为牛马是一个更高的属,单独的牛、马是种,即牛马和单独的牛、马是属种关系。安东·杜米特留的这一观点是值得商榷的。在西方逻辑中,属包含种,种不包含属。属同义地谓述其下属的种,但是种从不能谓述属。我们可以说“白马是马”,但不能说“马是白马”。然而在中国古代逻辑思想中,只注重种类之间“类同”与“不类”的分析,忽略了对真正属种关系的考察,因此,在中国古代逻辑思想中出现了“白马非马”“牛马非牛”等命题。遗憾的是,安东·杜米特留未能说明这一点。对于“牛马非牛”的问题,陈孟麟就认为:说牛马不是牛和说牛马是牛的说法,都是不可以的,原因在于牛马是一个整体概念。[①]

另外,陈汉生在分析墨家的“非类”时,他认为仅当物质质料之间的“比较不合法”且“毫无意义”时,才称之为“非类”。他的这一观点显然缺乏对《墨经》的深入理解,因为墨家的类同与不类是根据事物的本质属性来区分的。

第四节 “矛盾”概念

海外学者对中国古代思想中“矛盾”概念的研究成果,主要有马塞尔·格兰特的《中国思维》(*La pensée chinoise*,1934)、唐纳德·莱斯利的《前佛教中国推理中的矛盾论证》(*Argument by Contradiction in Pre-Buddhist Chinese Reasoning*,1964)、何莫邪的《传统中国的逻辑和语言》(*Logic and Language in Traditional China*,1998)等。这些成果主要对“矛盾”概念的内涵、不相容的类型,即行为之间的不相容、言行之间的不相容、心理态度不相容、欲望与行为之间的不相容、语句之间的不相容、术语之间的不相容、矛盾与对立的概念等进行了详细论述。

在中国古代文献中,有很多矛盾命题,如韩非的“矛盾之说”。还有一些思想家,尤其是道家喜欢悖论。海外学者对于中国古代思维中是否存在矛盾概念持有不同意见:一种观点认为矛盾在中国古代思维中发挥了重要作

① 陈孟麟:《墨辩逻辑学》,济南:齐鲁书社1983年版,第276页。

用，另一种观点认为，中国古代思维中不存在矛盾关系，而是因果关系或不相容关系。

马塞尔·格兰特根据后期墨家关于“辩”的定义，提出了自己的主张：

> 中国人关心的不是矛盾原则，而是因果关系原则。[①]

何莫邪支持马塞尔·格兰特的陈述，因为它们迫使我们清楚地说明我们可能把不相容和矛盾的概念归因于古代中国人的原因。

然而，唐纳德·莱斯利提出相反的观点，他还证明了矛盾的概念在中国古代思维中确实发挥了作用。[②]对于矛盾的概念，何莫邪进行了深入探讨：

> 首先，我们要区别两种观点：一种是与事实不相容，另一种是矛盾在任何可想象的情况下都不可能同时成立，即逻辑不相容。其次，我们必须区分不能同时为真（不相容）的陈述和不能同时为真但其中一个必然为真（矛盾）的陈述。[③]

何莫邪解释说，说某物是水牛和说它是马是不相容的。“这是一匹马”和“这是一头水牛”是不相容的谓词，但不是相互矛盾的，因为它们可能同时不适用。矛盾的陈述会是像“这是一匹马”和“这不是一匹马”这样的陈述。对此，何莫邪坚持主张：

> 从孔子起的中国古代哲学家关注的是不相容的谓词和陈述，但他们对矛盾的概念，表现出很少的理论兴趣。[④]

由此，何莫邪把中国古代逻辑中不相容的情形分为各种不同的类型，例如，行为之间的不相容、言行之间的不相容、心理态度不相容、欲望与行为之间的不相容、语句之间的不相容、术语之间的不相容、矛盾与对立的概念等。

1. 行为之间的不相容

何莫邪认为《孟子·公孙丑下》中的这段话完全体现了行为之间的不相容：

---

① Granet, Marcel: *La pensée chinoise*, Albin Michel, Paris, 1934, p.385.

② Leslie, Donald: *Argument by Contradiction in Pre—Buddhist Chinese Reasoning*, Australian National University Press, Canberra, 1964.

③④ Harbsmeier, Christoph: *Logic and Language in Traditional China*, Cambridge University Press, 1998, p.213.

> 陈臻问曰："前日于齐，王馈兼金一百而不受；于宋，馈七十镒而受；于薛，馈五十镒而受。前日之不受是，则今日之受非也；今日之受是，则前日之不受非也。夫子必居一于此矣。"

何莫邪指出，在中国古代，对行为不相容的指责是非常普遍的。对于什么是行为之间的不相容，他的观点是：

> 这里隐含的思想是，道德上负责任的人应该在类似的情况下做出类似的反应。如果他对同一种情况的反应不同，那实际上就是矛盾的。孟子承认这是一个有效的反对，但他为自己辩护指出，在相关方面，情况实际上并不相似。①

2. 言行之间的不相容

唐纳德·莱斯利也指出《墨子》中存在言行不相容的情况②，何莫邪评价道：

> 言行不相容这种观念在古代中国仍然很流行，甚至可能占主导地位。③

3. 心理态度不相容

何莫邪认为，孔子就对互不相容的欲望感兴趣："爱之欲其生，恶之欲其死；既欲其生又欲其死，是惑也。"(《论语·颜渊篇》)对此，何莫邪评价说：

> 孔子着重于"惑"的概念，这在我们看来似乎与欲望的不相容密切相关。④

4. 欲望和行为之间的不相容

何莫邪列举了《韩非子·五蠹》中的话："故不相容之事，不两立也。斩敌者受赏，而高慈惠之行；拔城者受爵禄，而信廉爱之说；坚甲厉兵以备难，而美荐绅之饰；富国以农，距敌恃卒，而贵文学之士；废敬上畏法之民，而养游

①③ Harbsmeier, Christoph: *Logic and Language in Traditional China*, Cambridge University Press, 1998, p.213.

② Leslie, Donald: *Argument by Contradiction in Pre-Buddhist Chinese Reasoning*, Australian National University Press, Canberra, 1964.

④ Harbsmeier, Christoph: *Logic and Language in Traditional China*, Cambridge University Press, 1998, p.214.

侠私剑之属。”以说明欲望和行为之间的不相容。

同时,何莫邪认识到:

> 韩非想指出某些欲望与某些态度是不相容的。我们可以在这里宽泛地谈论真正的矛盾。①

5. 语句之间的不相容

何莫邪用韩非著名的“矛盾之说”来说明语句之间的不兼容性:“楚人有鬻盾与矛者,誉之曰:‘吾盾之坚,物莫能陷也。’又誉其矛曰:‘吾矛之利,于物无不陷也。’或曰:‘以子之矛陷子之盾,何如?’其人弗能应也。”(《韩非子·难一》)

如何才能避免语句之间的不兼容呢?何莫邪提出了自己的解决方法:

> 如果一个人能区分不同的主题,并确保它们之间不互相矛盾,他就能保持这些主题的正确顺序,这样他们就不会混淆。在表达自己的想法时,应该表达自己想表达的意思,不要卷入矛盾之中。②

6. 术语之间的不相容

根据《论语·公冶》中的事例,子曰:“吾未见刚者。”或对曰:“申枨。”子曰:“枨也欲,焉得刚?”何莫邪认为,此对话中存在术语之间的不相容:

> 孔子把“刚”和“欲”看作是逻辑上不相容的谓词。正是在这个基础上,他的论点才成立。③

7. 矛盾与对立的概念

中国古代的思想家确实关心如何避免行动、意图或陈述之间的不相容。但是,何莫邪对此提出质疑:他们是否发展了矛盾的概念而不是相反呢?中国古人是否曾经在理论上特别注意过“矛盾”这个概念?通过考察后期墨家的逻辑,何莫邪说:

---

① Harbsmeier, Christoph: *Logic and Language in Traditional China*, Cambridge University Press, 1998, p.215.

②③ Harbsmeier, Christoph: *Logic and Language in Traditional China*, Cambridge University Press, 1998, p.216.

发现事实确实如此。①

在这一点上,何莫邪对一些重要证据进行了简要的论述:

《经》:辩,争彼也。

《经说》:辩。或谓之牛,或谓之非牛,是争彼也。(《经说上》)A40②

矛盾(反)是指不能同时认为两者是不可接受的。A73③

何莫邪指出,如果一个人坚持一个句子,那么他就承诺否认自己所说的否定(或拒绝否认),因此,他拒绝像道家喜欢做的那样否定任何话,认为他们是自相矛盾。正如葛瑞汉引用《墨经》所说的:

《经》:"非诽"者必悖,说在弗非。

《经说》:非。"非诽",非已之诽也。不"非诽",非可非也,不可非也,是不"非诽"也。(B79)④

何莫邪对于葛瑞汉的上述论证进行了解释,假设有人坚持认为一个人应该拒绝否,那么:

如果他说的是真的,一个人不应该拒绝否定的论点就应该被否定。但是如果一个人承认这个命题确实应该被否定,那么他并不是真的坚持他应该拒绝否定。至少在一种情况下(即拒绝否认的命题),人们未能拒绝否认。一个人无法拒绝否定,因此,一个人的立场是不相容的。⑤

① Harbsmeier, Christoph: *Logic and Language in Traditional China*, Cambridge University Press, 1998, p.217.

② Graham, A. C.: *Later Mohist Logic, Ethics and Science*, The Chinese University Press and the School of Oriental & African Studies, London & Hong Kong, 1978, p.A40.

③ Graham, A. C.: *Later Mohist Logic, Ethics and Science*, The Chinese University Press and the School of Oriental & African Studies, London & Hong Kong, 1978, p.A73.

④ Graham, A. C.: *Later Mohist Logic, Ethics and Science*, The Chinese University Press and the School of Oriental & African Studies, London & Hong Kong, 1978, p.A79.

⑤ Harbsmeier, Christoph: *Logic and Language in Traditional China*, Cambridge University Press, 1998, p.217.

第五节 “属性”概念

海外学者对中国古代思想中“属性”概念的研究成果，主要有葛瑞汉的《后期墨家的逻辑、伦理和科学》、辛普利基奥斯(Simplikios)的《亚里士多德范畴评论》(*In Aristotelis Categorias commentarium*，1882)、陈汉生的《中国古代的语言和逻辑》、何莫邪的《传统中国的逻辑和语言》、方克涛的《墨经》(*Mohist Canons*，2020)等。这些成果主要对“属性”概念的内涵、中国古代思想家是否对“属性”概念进行过单独研究以及表达属性的五个抽象词(性、情、貌、状、理)进行了详细的分析和论述。

类概念在中国古代思想史上占有重要地位。归类的概念为中国人所熟知，但是，属性或特性的抽象概念本身是需要单独研究的。中国古代人对此是否进行了研究？何莫邪指出：

> 古代中国人是唯名论者，他们只说事物、事物的种类、事物之间的区别、事物的名称，但不属于诸如依附于事物的抽象属性或品质。[①]

何莫邪也注意到，中国古代汉语与英语存在很大差别，正如我们所看到的，文言文缺少英语后缀“ness”这样的语素。正如辛普利基奥斯所举的例子：

> 安提西尼(Antisthenes)可能很难用古代中国人的语言来讲述他对柏拉图(Plato)所说的话：“我能看见马，但看不见马的蹄子。”柏拉图回答说：“安提西尼，那是因为你有看马的本领，却没有辨别马匹的本领，那就是智慧。”[②]

对此，何莫邪提出了这样的疑问：

> 这是否意味着中国人没有办法谈论抽象的概念或属性？或者这

① Harbsmeier, Christoph: *Logic and Language in Traditional China*, Cambridge University Press, 1998, p.229.

② Simplikios: “In Aristotelis Categorias commentarium”, In C. Kalbfleisch (ed.) *Commentariia in Aristotelem Graeci*, *vol. 8*. G. Reimer, Berlin, 1882, p.208.

是否仅意味着他们在他们的事物计划中抽象的作用更加有限？[①]

为了寻找上述问题的答案，何莫邪对中国古代文献进行了详细考察。那么什么是“抽象”呢？何莫邪认为：

> 我们似乎在“物”和“则”之间有一种二元论。人们倾向于认为“则”比“物”更为抽象。我们可以在不提及“属性”这个抽象概念的情况下谈论属性。我们可以有抽象而不加表示抽象的后缀。[②]

一方面，通过对中国古代文献的研究，何莫邪发现中国古代有抽象概念，但与柏拉图的抽象属性不同，正如《墨子·大取》中所讲的：“小圆之圆与大圆之圆同。”

> 这里相同的不是圆，而是圆的环状。后期墨家关注的是圆的抽象性质。“圆”在汉语中并没有自然的识别或实体化。与柏拉图不同的是，墨家没有明显的语素来区分“圆”这个词的出现是指物理的圆形物体，还是指圆形本身的性质。然而，如果他同时代的人能理解这句话，他们一定也理解了圆和圆之间的区别。[③]

何莫邪还注意到《孟子·告子上》中的这段话：“白羽之白也，犹白雪之白；白雪之白，犹白玉之白与？”曰：“然。”“然则犬之性，犹牛之性；牛之性，犹人之性与？”他指出：

> 这一段带有苏格拉底的味道，本质上是一种归谬化的尝试。有一种明确的关注是“白色的”，而不是“白色的东西”。[④]

此外，何莫邪还关注到《庄子·逍遥游》的开头：“北冥有鱼，其名为鲲。鲲之大，不知其几千里也；化而为鸟，其名为鹏。鹏之背，不知其几千里也；怒而飞，其翼若垂天之云。”他认为这是用一种相当天真的普通方式来指代抽象的属性。在文言文中，通常没有像“绅士气质”这样的词法可以鼓励人们将一个相应的抽象的“柏拉图式”实体进行实体化。但是，中国古代汉语中也有很多类似的抽象属性的表达，因此，何莫邪指出：

---

① Harbsmeier, Christoph: *Logic and Language in Traditional China*, Cambridge University Press ,1998,p.217.

②③④ Harbsmeier, Christoph: *Logic and Language in Traditional China*, Cambridge University Press ,1998,p.230.

在英语中，我们讨论善与恶的时候，不需要用明确的语素来表示我们所谈论的事物的名词性。“Good”“evil”并不比“goodness”“evilness”更抽象。柏拉图可以制定他的“善”和“恶”的思想理论，而不诉诸添加后缀“ness”这样的语素。事实上，柏拉图自己倾向于问的不是完全可能的新词“beautifulness”而是追问“the beautiful”。类似的事情在汉语中随处可见。①

对此，陈汉生写道：

中国定义艺术的历史就是对一些抽象问题的语义回答的历史。②

另一方面，何莫邪认为，中国一些神秘思想家的思想与新柏拉图主义者的观点又有相似之处，“道”“德”“阴”“阳”确实以各种方式给我们留下了“抽象的”实体概念，这些概念有时指的是终极现实的更高领域，中国神秘思想家通过冥想直接进入这个领域，这与某些新柏拉图主义者并无二致。

何莫邪通过对中国古代文献的研究，发现中国古代思想家从来都不会把抽象语词作为首选文体，抽象词语往往只在必要时候才会用到，以传达信息，不像在拉丁语和希腊语中偶尔使用，在现代学术散文中经常使用。何莫邪由此得出这样的结论：

文言文中有固有的抽象概念。人们通常很确信，中国古代思想家实际上关注的是一个抽象的概念。但就像在最好的现代哲学中一样，汉语中似乎有一种自然的、强大的引力，使人们更贴近实际地使用非抽象的词语。我们没有倾向于，实际上也没有太多的空间，去使用那些可以很容易地被一种同等的不那么抽象的说话方式所取代的无关紧要的或愚蠢的抽象词汇。③

但是，中国人能通过一个抽象的属性概念而不是一个事物的概念来关注非具体的概念吗？何莫邪强调，区分抽象概念和其他概念是一回事，而属性的抽象概念又是另一回事。可以想象，古代中国人沉溺于抽象，却没有

① Harbsmeier, Christoph: *Logic and Language in Traditional China*, Cambridge University Press, 1998, p.232.

② Hansen, Chad: *Language and Logic in Ancient China*, University of Michigan Press, 1983, p.77.

③ Harbsmeier, Christoph: *Logic and Language in Traditional China*, Cambridge University Press, 1998, p.234.

“属性”这样的词语。因此,何莫邪提出应该先考虑一些与属性相关的汉语显性抽象词的早期历史:

(1)“性”(hsing)nature, natural characteristics, property(?)
(2)“情”(chhing)real state of affairs, essence, essential properties(?)
(3)“貌”(mao)external shape, shape, property(?)
(4)“状”(chuang)form, visual characteristics, property(?)
(5)“理”(li)pattern, attribute(?), property(?)[①]

我们知道表达抽象的词有很多,但何莫邪提出的表达属性的抽象词有五个:性、情、貌、状、理。下面依次进行说明。

1. 性

何莫邪认为,孔子的“性相近也,习相远也。”(《论语·阳货》)完全体现了“性”的基本含义。孟子和荀子也详细探讨过人的本性的善或恶。何莫邪还发现,通过类推,中国古代“性”的概念也适用于动物和无生命的东西。他通过孟子的论述来进行说明:“告子曰:‘性犹湍水也,决诸东方则东流,决诸西方则西流。人性之无分于善不善也,犹水之无分于东西也。’孟子曰:‘水信无分于东西,无分于上下乎?人性之善也,犹水之就下也。人无有不善,水无有不下。今夫水,搏而跃之,可使过颡;激而行之,可使在山。是岂水之性哉?其势则然也。人之可使为不善,其性亦犹是也。’”(《孟子·告子上》)对此,何莫邪解释说:

> 考虑到古代文献中对“性”的用法,似乎很明显,像“竹”这样的属性并不是“性”的主要意图,而“浮于水面”则属于竹的“本性”。当前将“性”翻译为“本性”(nature),这很好地体现了这样一个事实,即每件事物都只有一个本性,而我们会说它具有许多属性。[②]

2. 情

对于“性”和“情”的不同,何莫邪指出:

> “性”一般指某物的禀赋或特征,而“情”经常用于非常相似的语境

---

① Harbsmeier, Christoph: *Logic and Language in Traditional China*, Cambridge University Press, 1998, p.235.

② Harbsmeier, Christoph: *Logic and Language in Traditional China*, Cambridge University Press, 1998, p.236.

中，则更具体地指某物的本质特征或属性，葛瑞汉试图冒险翻译成“本质”，同时警告读者不要从任何亚里士多德的技术意义上接受这个术语。此外，每件事都只有一个“情”，不是很多。①

何莫邪认为，荀子对“情”概念进行了合理的逻辑运用：“凡同类同情者，其天官之意物也同。故比方之疑似而通，是以共其约名以相期也。”（《荀子·正名》）从荀子的论述中，何莫邪总结出：

“情”不一定是感官感知所能达到的。但是没有它，一个东西就不能被称作它现在的名字。它可能是（经常被称为）“失”，意思是一件东西失去了它原来名称的权利。②

3. 貌

对于什么是“貌”，何莫邪解释说：

“貌”总是可以通过感官得到，它是时间变化量。在任何给定的时间，一个事物只有一个“貌”，尽管我们应该说它可能有许多视觉属性。相对于最典型的“情”，“貌”经常被对比为外部的。③

在后期墨家文本中，根据他提到的许多例子来看，葛瑞汉对“貌”解释为：

将“貌”确定为一个技术术语。主要的技术含义是“可见属性”。④

葛瑞汉的这种解释与《说文解字》的解释恰好契合，“貌”是描述性形容词的技术术语，也经常出现在墨子的辩证文章中。

4. 状

何莫邪认为，荀子使用的“状”这个术语作为一个技术术语，一般指一个物体的可感知方面。刘向的《说苑·善说》中也有类似这样的用法：

惠子曰：“今有人于此而不知弹者，曰：‘弹之状若何？’应曰：‘弹之

---

① Harbsmeier, Christoph: *Logic and Language in Traditional China*, Cambridge University Press, 1998, p.236.

②③ Harbsmeier, Christoph: *Logic and Language in Traditional China*, Cambridge University Press, 1998, p.237.

④ Graham, A. C.: *Later MohistLogic, Ethics and Science*, The Chinese University Press and the School of Oriental & African Studies, London & Hong Kong, 1978, p.194—196, p.223.

状如弹。'则谕乎?"

王曰:"未谕也。"

"于是更应曰:'弹之状如弓,而以竹为弦。'则知乎?"

王曰:"可知矣。"

根据上述论证,何莫邪断言:

很难确定"貌"和"状"之间有任何明确的语义区别。[①]

5. 理

"理"在中国古代哲学史上的地位,何莫邪总结为:

"理"在许多英文著作中通常被称为"原则",它是一个概念,在中国哲学史上扮演着越来越重要的角色。[②]

对于什么是"理",何莫邪说很难界定它:

最引人注目的一个早期的道教理论《韩非子·解老》,广泛使用"理"的概念,并将其作为一个技术术语讨论。但这是常有的事,将重要术语进行满意的翻译是不可能的。我将冒险做一个实验,将"理"翻译为"属性"(attribute),是"可见模式"的含义延伸。[③]

何莫邪认为,《韩非子·解老》中的一段话充分证明了他的上述翻译是合理的:"凡理者,方圆、短长、粗靡、坚脆之分也,故理定而后可得道也。""短长、大小、方圆、坚脆、轻重、白黑之谓理。"他还根据《吕氏春秋》中一个有趣的定义:"故辩而不当理则伪,知而不当理则诈。诈伪之民,先王之所诛也。理也者,是非之宗也。"(《吕氏春秋·审应览·离谓》)进行理解。对于这段话的理解,何莫邪概括为:

换句话说:我们把马称为白色的是正确的,因为马身上存在"白色"的属性。知识和争论都必须根据这个最终标准来衡量。[④]

韩非讲"理定而后可得道也",那么在这样的语境中"定"的含义是什么?

---

①②③ Harbsmeier, Christoph: *Logic and Language in Traditional China*, Cambridge University Press, 1998, p.238.

④ Harbsmeier, Christoph: *Logic and Language in Traditional China*, Cambridge University Press, 1998, p.239.

何莫邪解释为：

> 只有“理”是固定的，我们才能区别不同的事物，因为我们必须以事物的“理”作为我们的标准。①

如果这一解释是正确的，就可以帮助我们解释韩非的概括。毕竟，道是支配事物是否有“理”的东西，任何对“道”的正确理解，都必须以对事物的这些固定属性（理）的理解为前提。最后，何莫邪对于自己的翻译也有了新的看法：

> 我们将“理”翻译为“属性”。“理”似乎在现象学意义（“显性属性”）和形而上学意义（“显示显性属性的倾向”）之间模棱两可。这种模棱两可没有什么奇怪的，英语单词“attribute”碰巧也有同样的歧义。②

陈汉生对比了中国和西方关于对象的概念方案如下：

> 人们不认为心灵是一种内部的描绘机制，它代表着世界上各个物体，心灵不被视为代表世界上个别对象的内部图像机制，而是一种辨别事物名称边界的能力。这种“分割事物”的观点与传统的柏拉图哲学中关于对象的观点形成了强烈的对比，这些对象被理解为实例化或“具有”属性（共性）的个体或细节。③

何莫邪对“情”“性”“状”“貌”的特点进行了总结：

> “情”是使所谓的X成为“X”的性格。“性”是指事物产生时所具有的性情。“貌”是一个技术术语，指事物所具有的可感知的特性。“状”和“貌”是一个同义的术语，指事物可感知的属性。后面这些概念的关键之处在于，它们在汉语中没有复数形式。中国古人认为，事物只有一种本质、一种性质、一种形态和一种形式。④

---

①② Harbsmeier, Christoph: *Logic and Language in Traditional China*, Cambridge University Press, 1998, p.240.

③ Hansen, Chad: *Language and Logic in Ancient China*, University of Michigan Press, 1983, p.31.

④ Harbsmeier, Christoph: *Logic and Language in Traditional China*, Cambridge University Press, 1998, p.241.

第六节　“包含”概念

海外学者对中国古代思想中“包含”概念的研究成果，主要是何莫邪的《传统中国的逻辑和语言》(*Logic and Language in Traditional China*，1998)。何莫邪对“包含”概念的内涵以及中国古代是否有明确的“包含”概念进行了分析。

在中国古代思想中是否存在“包含”的概念？哪些词可以表达“包含”的概念？对此，何莫邪首先界定了什么是“包含”的概念：

> 一个项包含在一个类别下，以及一个类别包含在另一个类别下，这些概念是概念方案的结构组织的基础。在某种意义上，当我们能够将一个事物归入它所属的相关事物类别时，我们就首先理解了它。概念方案的建立可以看作是一种系统的包含策略。[①]
>
> 从理论上讲，一种文化可能将“包含”视为一种部分/整体关系。[②]

很容易想象一种有包容实践但没有正式“包含”概念的文化。一种文化，其中一个项属于一个类或一个类包含在另一个类中的思想是通过某种形式的文字表达的，大致可以与英语短语相媲美，如人是一种生物。那么，中国古代思想中是否存在包含的概念呢？何莫邪认为：

> 我们确实在中国古代文学中找到像“人物也”这样的句子。在这种情况下，汉语中是否有类包含或一般包含系统仍然不清楚。[③]

何莫邪指出，我们将考察古代人是否有明确的包含概念，以及了解他们是如何理解包含概念的。何莫邪认为解决问题的关键是概念“属”。什么是“属”呢？何莫邪做出了如下的解释：

> 它最初的意思是“隶属于、依附于、属于”，然后变成了“属于(一个类)”的意思。在名义上，“属”可以指处于某人统治之下的人，在等级上处于从属地位的人，属于某人的随从的人，最后是指属于某一特定阶级

①②③ Harbsmeier, Christoph: *Logic and Language in Traditional China*, Cambridge University Press, 1998, p.241.

或种类的东西。①

中国古代的很多文献充分证明了何莫邪的上述观点，如哲学学派的信徒可以被称为“属”：“孔墨之弟子徒属充满天下，皆以仁义之术教导于天下，然而无所行。”（《吕氏春秋论·似顺论》）当然，“属”还有诸多其他含义，何莫邪概括为：

> “属”有时可以理解为“（属于）某人的法律管辖权”。
> “属”似乎被用作强调或对比的小品词或名词“包含”。
> “属”似乎承担了一个纯粹的分类功能。
> “属”甚至被用作及物动词“归类”。②

《荀子·荣辱》讲道：“人之有斗，何哉？我欲属之狂惑疾病邪？则不可，圣王又诛之。我欲属之鸟鼠禽兽邪？则不可，其形体又人，而好恶多同。”这段话正好证明了“属”被用作及物动词“归类”的含义。

第七节　“法”概念

海外学者对中国古代思想中“法”概念的研究成果，主要有葛瑞汉的《论道者：中国古代哲学论辩》、何莫邪的《传统中国的逻辑和语言》、方克涛的《墨经》等。这些成果主要对中国古代思想中“法”概念的地位、作用和内涵进行了研究。

方克涛谈到了“法”在中国古代思想史上的重要地位：

> 墨家把他们所寻求的客观道德标准称为“法”，这一概念在他们的道德观以及他们对语言、知识、论证或推理的看法中起着核心作用。“法”也是墨家对战国晚期儒家思想家荀子及其学生韩非产生重要影响的关键观念之一，韩非后来被称为法家现实政治思想的主要代表。③

方克涛认为“法”具有双重作用，为行动和判断提供实用的指导和合理

① Harbsmeier, Christoph: *Logic and Language in Traditional China*, Cambridge University Press, 1998, p.242.

② Harbsmeier, Christoph: *Logic and Language in Traditional China*, Cambridge University Press, 1998, pp.242—244.

③ Fraser, Chris: “Mohist”, 见 SEP。

的标准。他解释道：

> “法”在其行动指导中，充当指导行动和实践推理的指导方针或决策标准。另一方面，“法”在其辩护角色中，可以充当为行动和判断辩护的正确性的基本标准。①

“法”是墨家关于我们如何学习语言和道德规范以及我们进行推理、形成判断和采取行动的认知过程的解释的重要组成部分。葛瑞汉谈到，“法”引起海外学者的关注因其是《墨经》中的标准，但是这一术语的完整性体现在《管子》的《七法》中，尤其是第三种“法”：“尺寸也，绳墨也，规矩也，衡石也，斗斛也，角量也 ，谓之法。”因此，葛瑞汉指出：

> 第三项“法”系最狭义的，包括规与矩；它们是这种仪器和量具，专门设计用来进行精确比较，以此固定普遍认可的数字和量度。②

葛瑞汉进一步阐述了“规矩”的含义：

> “规矩”的古老隐喻在法家那里体现出巨大意义，而最重要的是“权衡”的隐喻；它们表明法的机械性的精确与客观。③

方克涛也探讨了什么是“法”以及“法”的模型。什么是“法”呢？他认为：

> “法”表示遵循规范或作出判断的任何指南、辅助或工具。明确的规则、法律和定义都是“法”。但是“法”也可能是榜样，例如贤惠的父母、教师或统治者。它们可能是原型、样例、类比某种事物的图片，也可能是工具或测量设备，如尺子或木匠的罗盘和方格。它们甚至可能是诸如“兴天下之利”之类的概念，墨家认为这些概念是同样广泛的，因此成为辨别“义”的标准。简而言之，任何有助于我们做出正确判断或正确采取行动的标准或范式都可以成为“法”。④

“法”在中国古代得到了极其广泛的应用，究其原因，墨家寻求的客观道

---

①④ Fraser, Chris:“Mohist”，见SEP。

② 〔英〕葛瑞汉：《论道者：中国古代哲学论辩》，张海宴译，北京：中国社会科学出版社2003年版，第316页。

③ 〔英〕葛瑞汉：《论道者：中国古代哲学论辩》，张海宴译，北京：中国社会科学出版社2003年版，第317页。

德标准不是定义或普遍原则，也不是通过演绎推理得出特定的结果。相反，他们寻求一个可靠的榜样或范例，能让他们的行动和实践得以复制或仿效。方克涛称之为“实用模型”：

> 墨家主要不把“法”视为原则或规则，而是将其视为用于指导规范性活动的不同类型的实用模型。①

在方克涛看来，实用模型或范例总体上可以说是中国古典哲学的基本特征：

> 首先是其务实，务实的取向。②

葛瑞汉认为，如果法被完全形式化，它们就能够自动运作，君王只需把人的行为与法的语言表达进行比照，采用定量的赏罚，不被仁爱等所左右。因此，葛瑞汉断言：

> 法的意义范围对照于西方术语来说是law；然而，甚至在划归法家的人物当中，法可能包括，例如，驾驭官僚政治的方法手段。③

中国早期思想的重点是正确的实践表现，而不是理论上的描述或表述。古典话语的核心概念是“道”，指的是规范、模式和行为方法，特别是指挥国家和个人生活的概念。中国早期思想家的核心问题不是“真”以及我们如何知道它，而是什么是“道”以及我们如何遵循“道”；基本目标不是对定义或原则的理性理解，而是在实践中遵守规范或成功完成任务的能力。因此，方克涛认为，“法”是有效的工具，可以帮助我们遵循“道”，并且任何有效指导实际表现的东西都可以称作“法”：

> 第二个相互关联的特征是，墨家将认知、判断和推理视为类比模式识别的过程，具体地说，就是将相关相似种类的对象、事件或动作与不相似对象、事件或动作区分开的过程。④

这种过程是区分“是”“非”的过程。进行此类区分是一项实用技能，可以通过参考模型或示例（即“法”）来辅助执行。“法”实际上是用于模式识别

---

①②④ Fraser, Chris: “Mohist”，见SEP。

③ 〔英〕葛瑞汉：《论道者：中国古代哲学论辩》，张海宴译，北京：中国社会科学出版社2003年版，第317页。

的参考原型。这两个特点都可以通过墨家如何描述“法”的用法来说明:“是故子墨子之有天之,辟人无以异乎轮人之有规,匠人之有矩也。今夫轮人操其规,将以量度天下之圜与不圜也,曰:‘中吾规者,谓之圜;不中吾规者,谓之不圜。’是以圜与不圜,皆可得而知也。此其故何?则圜法明也。”(《墨子·天志中》)方克涛认为,上述段落将“天志”比喻为圆规,以此来解释“天志”作为一种伦理道德的作用。圆规是一种模型,轮匠使用该模型度量对象以区分它们是否是圆形的。

从形式上讲,伦理原则“法”并没有被视为一般原则,我们把它作为一种演绎论证的主要前提,例如实践三段论。更确切地说,它们被视为范例或原型。所以,方克涛指出,在墨家思想中,以这种方式进行区分是在作出判断或形成信念方面的功能对等物:

> 因为墨家的“法”既有规则,也有模型和例子,所以在他们看来,从一般规则或原则中推断出结论的过程,实际上是比较普遍的认知过程(将事物与模型进行比较和区分)的特殊情况。因此,他们倾向于解释所有形式的推理,包括演绎推理,作为一种模式识别或类比推理。[①]

方克涛认为,“法”是伦理学、认识论、语义学、逻辑学或论证学方法的关键,“法”是可以帮助我们可靠地遵循此类规范的模型或标准:

> 在伦理学中,它们在道德推理和指导行为中取代了普遍的道德原则。在认识论中,它们是指导区分的公共标准,从而证明对知识的主张是正确的。在语义学理论中,它们是解释为什么词指的是它们所做的事情的一部分:一个词按照惯例与“法”联系在一起,然后引用被认为与“法”相关的所有事物。在推理或辩论中,通过引用一个或多个“法”,表明该判断的对象符合“法”或不符合“法”来建立或驳回判决。[②]

“法”是中国古代思想中非常重要的概念之一,它既是墨家推理论证中的依据、标准,也是法家思想中的法律或方法、手段,在法家的法律概念中,作为标准的“法”既是效法的行为和人的榜样,也是依托赏罚的法律,韩非从各方面论证了严峻刑法比仁或忠等德性更有利于人民。在海外学者中的视野中,葛瑞汉主要关注的是法家的“法”,而方克涛主要关注的是墨家的“法”。

---

①② Fraser, Chris:“Mohist”,见SEP。

第八节　“故”概念

海外学者对中国古代思想中“故”概念的研究成果，主要有葛瑞汉的《理性在中国哲学传统中的地位》(*The Place of Reason in the Chinese Philosophical Tradition*，1964)、何莫邪的《传统中国的逻辑和语言》(*Logic and Language in Traditional China*，1998)、方克涛的《墨经》等。这些成果主要对中国古代思想中“故”概念的内涵、运用和作用等方面进行了研究。

何莫邪除了讲到一些与属性相关的早期的汉语显性抽象词，还探讨了后期墨家中的抽象词“故”。何莫邪认为“故”是中国推理史上的关键词，“何以”在《韩非子》中出现了45次，“其何故也”“是何故也”在《墨子》中也多次出现。他将“故”解释为：

> “旧的，先来的，原因，理由，(用作形容词的)前者，(用作句首助词)因此。”古代中国的争论可能被解释为对(显式或隐式)问题的回答，例如“何故”或其他许多等价词。对此类问题的回答可能旨在提供行动的动机、事件的原因或观点的合理理由。[①]

那么，在多大程度上，古代中国人习惯于为一个给定的主张或观点寻求合理的理由呢？如果我们以一个理由来考虑这种标准的要求，儒家文本与其他来源的文本之间存在着显著的对比。何莫邪指出：

> 在《论语》《孟子》和《荀子》中，没有一个明确的要求有一个“故”。类似地，在早期的儒家文献中几乎没有任何认知问题，如“何以知其然?”或“何以明之?”它们第一次偶然出现在《荀子》里。另一方面，在更科学的《墨子》一书中，我们发现了50多个明确的“故”，以及30多个公开的认识论问题。[②]

何莫邪认为，即便如此，我们也不能否认早期儒家在论辩时没有能力给出理由。孔子在论辩时习惯于求助古代权威，他们认为自己是与智者的自

---

① Harbsmeier, Christoph: *Logic and Language in Traditional China*, Cambridge University Press, 1998, p.273.

② Harbsmeier, Christoph: *Logic and Language in Traditional China*, Cambridge University Press, 1998, pp.273—274.

然权威对话,因此,何莫邪特此强调:

> 他们在道德上的卓越和睿智构成了支持他们观点的主要论据。孔子的智力成就不是为他的观点提供有说服力的论据,而是他对过去的道德解释的连贯性,他试图找到一条道德线索(一以贯之)。①

何莫邪明确指出,作为国家学说的儒家学说在公元2世纪的胜利,也意味着一场针对权威推理习惯的战斗的胜利。为什么墨家逻辑会成为中国古代逻辑中最高成就的代表?何莫邪分析了其原因:

> 在这样的背景下,其他的思想流派(比如墨家)从一开始就不得不与既存的儒家传统竞争,对他们来说,论证成为其合法性的重要组成部分。他们需要更好的论据来使他们的要求合法化。因此,逻辑在墨家学派中发展得如此强大并不是偶然的。②

葛瑞汉,用他一贯的巧妙优雅描述了这个问题:

> 与其他学派竞争的压力迫使孟子进入公开辩论,促使荀子对儒家立场进行了更彻底的合理化。③

何莫邪发现,在《墨子》中出现对原因和解释的不断需求,也通过传统的诉诸先例和古代权威来进行推理。他运用《墨子·天志下》中的一段话进行说明:

> 是故子墨子言曰:"戒之!慎之!必为天之所欲,而去天之所恶。"曰天之所欲者,何也?所恶者,何也?天欲义而恶其不义者也。何以知其然也?曰:义者,正也。何以知义之为正也?天下有义则治,无义则乱,我以此知义之为正也。

通过这个事例,何莫邪还发现,如果我们不了解墨子的方法,就很难了解中国古代的理性,因为:

> 墨家对来自历史先例和经文权威的儒家特色论点也不陌生,它们

①② Harbsmeier, Christoph: *Logic and Language in Traditional China*, Cambridge University Press, 1998, p.274.

③ Graham, A.C.: *The Place of Reason in the Chinese Philosophical Tradition*, In R. Dawson (ed.) The Legacy of China. Oxford University Press, Oxford, 1964, p.45.

> 是中华民族精神遗产的重要组成部分。①

一方面，何莫邪认为后期墨家有“故”概念的明确定义：“故，所得而后成也。”（《经上》）“小故，有之不必然，无之必不然。体也，若有端。大故，有之必无然，若见之成见也。”（《经说上》）而且还将“故”分为“大故”和“小故”，表明后期墨家对“故”概念的重视。何莫邪指出，尽管这个准则残缺不全，但它似乎清楚地区分了必要和充分的“主要”理由，以及必要但不充分的“次要”理由。然而，遗憾的是：

> 后期墨家并没有继续使用“主要”理性和“次要”理性这两个术语，两个术语没有在辩证法的其余章节中出现。更严重的是，既然定义了一个必要的理由（“故”），他们就不会只为了必要的理由而使用“故”……因此，根据后期墨家的定义，物理原因根本不能算作原因（“故”），因为由一种事物引起的物理原因通常也可能是由另一种事物引起的。论证理由不应算作“故”，因为用一个理由论证的东西通常也可以用另一个理由论证。②

逻辑分析的目的是建立对世界的正确描述。因此，墨家逻辑体系的一个最重要的部分是整理出适当的术语和描述方法。在这个过程中，语言哲学和科学哲学都面临着一些基本问题。何莫邪认为，墨家逻辑有着不同的术语：

> 认为世界的任何连贯描述中涉及的一个关键概念是原因或理由。后期墨家以这个术语的定义开始了他们的讨论，这是中国科学史上最重要的事件，他们用众所周知的类比推理趋势完全不同的术语来定义原因（X是如此，因为相似的事物Y是如此）或相关思维。③

另一方面，何莫邪认为《孟子·离娄下》中的一段话充分证明了，即使是传统的儒家孟子也认识到客观原因“故”的重要性。

---

① Harbsmeier, Christoph: *Logic and Language in Traditional China*, Cambridge University Press, 1998,p.275.

② Harbsmeier, Christoph: *Logic and Language in Traditional China*, Cambridge University Press, 1998,p.332.

③ Harbsmeier, Christoph: *Logic and Language in Traditional China*, Cambridge University Press, 1998,p.331.

> 孟子曰:“天下之言性也,则故而已矣。故者以利为本。所恶于智者,为其凿也。如智者若禹之行水也,则无恶于智矣。禹之行水也,行其所无事也。如智者亦行其所无事,则智亦大矣。天之高也,星辰之远也,苟求其故,千岁之日至,可坐而致也。”

很显然,孟子对他那个时代的天文学成就印象深刻,孟子是如何从科学范式走向哲学范式的?何莫邪解释说:

> 他(孟子——引者注)建议在非“科学”的背景下对现实进行科学的观察。他对逻辑学家(“坚持到底的聪明人”)的攻击,不仅是一个道德家的攻击,也是一个对当代科学敏感的观察者的攻击。逻辑学家不应该一直进行抽象的争论,而应该把他们关于人性的理论建立在对事实的精确观察上。①

同时,何莫邪也提出了疑问,在一般的话语中,为什么会有对理性的要求?他认为,这是对理性的要求,这类问题是推理和论证的开端。如果想要了解中国本土的论证是什么,我们必须研究像《国语》这样的问题的回答。为什么这样说呢?何莫邪回答说:

> 如果需要正式的证据来证明中国的论辩是为了说服而不是证明,这就是很好的例子。②

---

①② Harbsmeier, Christoph: *Logic and Language in Traditional China*, Cambridge University Press, 1998, p.276.

第四章　海外学者视野中的中国古代逻辑应用

逻辑学是研究推理论证的科学。逻辑学是研究推理论证的正确形式，研究最一般推理规则的纯逻辑，而且也是研究特定领域或范围内的推理规则的应用逻辑。西方逻辑是研究推理论证一般规则的纯逻辑，中国古代逻辑主要研究“名”“辞”“说”，这不同于对一般推理规则的研究，主要是一种逻辑的应用即应用逻辑。当然，从另一个角度来看，逻辑的分类可以有不同的层次，既可以有纯推理论证形式的研究，也可以有推理论证规则的应用研究。中国古代文献对逻辑的应用极其广泛和丰富，《诗经》《道德经》《黄帝内经》《战国策》《晏子春秋》《荀子》等著作中都体现了对论证运用的高度自觉意识，这显然不同于偶然、无意识的逻辑应用，凸显了中国应用逻辑的特点。海外学者也关注到了中国古代逻辑的这一特质，对中国逻辑的应用进行了详细论证。海外学者的研究主要集中在中国古代的论辩内容和中国古代的论辩形式。

第一节　中国古代的论辩内容

海外学者对中国古代论辩内容的研究成果，主要有比尔芬格的《中国古代政治学的道德教义观察》(*Specimen doctrinae veterum Sinarum moralis et-politicae*, 1924)、多德(E. R. Dodds)的《希腊人和非理性主义者》(*The Greeks and the Irrational*,1951)、杰弗里·劳埃德(Geoffrey Lloyd)的《极性与类比》(*Polarity and Analogy*,1966)、奎因(Quine)的《词与物》(*Word and Object*,1969)、劳(Lau, D. C.)《〈孟子〉双语版》(*Mencius, bilingual edition*, 1983)、葛瑞汉的《阴阳与关联思维的本质》(*Yin－Yang and the Nature of Correlative Thinking*,1986)、何莫邪的《传统中国的逻辑和语言》等。他们的成果集中体现在“史例例证”“隐含的逻辑论证”“推理和科学解释”“文化逻辑与笑话逻辑”“侮辱的逻辑”“中国古代对论辩的态度”“中国古代是否存

在论证”等几个方面的研究。

一、史例论证

杰弗里·劳埃德谈到了中国古代哲学的特点：

> 中国古代哲学(或者说保存下来的哲学)主要是社会哲学。它涉及人类事务的处理。这种行为是根据记录的历史事件进行讨论的。这些情节和事件被用来说明和证明更一般或抽象的“哲学”陈述，就像在中世纪布道中使用的例证或“启发性的说明性故事”一样……与此同时，这些说明性的历史轶事被设计用来说明它们所支持的观点的实际应用。①

何莫邪认为，《韩非子》第21章和《淮南子》第12章的一系列轶事，旨在证实老子陈述的真理和实际应用，这也完全证明了上述莫瑟－拉特和杰弗里·劳埃德的观点。何莫邪也指出：

> 在古代中国，“哲学化”往往是一种强烈而广泛的历史实践。推理倾向于诉诸历史事例和传统权威。②

但是，何莫邪也注意到，这并不是事实的全部，因为：

> 一些人，比如后期墨家和其他一些人，确实从定义和理论逻辑推理的角度考虑了论题的解释(说)。在科学史的背景下，正是这种内隐或外显的推理方式，使我们对它产生了特殊的兴趣。③

二、隐含的逻辑论证

何莫邪通过《世说新语·王戎》中一个古老的小故事来说明论证不需要明确地呈现：

> 王戎七岁，尝与诸小儿游。看道边李树多子折枝，诸儿子争走取之，唯戎不动。人问之，答曰：“树在道边而多子，此必苦李。”取之信然。

对于这类故事，何莫邪指出，它在中国古典文学中很常见，而且涉及逻

---

① LIoyd, Geoffrey E.R.: *Polarity and Analogy*, Cambridge University Press, 1966, p.405.

②③ Harbsmeier, Christoph: *Logic and Language in Traditional China*, Cambridge University Press, 1998, p.268.

辑推理。王荣的理由是:如果梨是好的,就不会剩下这么多了,因为会被别人吃掉。但是还剩下很多梨,因此,它们不会有什么好的。对于这种逻辑推理,有人可能会说这只是普通的常识,何莫邪却不这样认为。他说:

> 中国人在运用普通常识时,习惯性地遵循简单的形式逻辑,即使这一点在他们的论证的表面结构中根本没有表现出来。含蓄的说话方式往往表现出对逻辑结构的敏锐感觉。①

再比如当杨雄被以下问题攻击时:"或曰:'子小诸子,孟子非诸子乎'?"(《扬子法言·君子卷第十二》)杨雄的回答表明,他理解这样一个隐含的论证:

> 你鄙视所有的哲学家。
> 孟子是一位哲学家。
> 所以你一定鄙视孟子。
> 但你没有轻视孟子。所以你的立场不一致。②

杨雄为自己辩护说孟子不是楚国的"哲学家"。如果他没有理解我们所概述的论点,他就不需要以这种方式为自己辩护。

三、推理和科学解释

我们都知道,总的来说,早期的中国人特别是儒家,很少运用演绎推理,尤其,这种推理应用于科学解释的问题是不常见的。对此,何莫邪解释说:

> 但这并不意味着这种推理在古代中国人中不常见。③

何莫邪认为,下面《列子》中的小故事就体现了推理在自然现象中的运用:

> 孔子东游,见两小儿辩斗,问其故。
> 一儿曰:"我以日始出时去人近,而日中时远也。"
> 一儿以日初出远,而日中时近也。
> 一儿曰:"日初出大如车盖,及日中则如盘盂,此不为远者小而近者

---

①② Harbsmeier, Christoph: *Logic and Language in Traditional China*, Cambridge University Press, 1998, p.269.

③ Harbsmeier, Christoph: *Logic and Language in Traditional China*, Cambridge University Press, 1998, p.270.

大乎?”

一儿曰:“日初出沧沧凉凉,及其日中如探汤,此不为近者热而远者凉乎?”

孔子不能决也。

两小儿笑曰:“孰为汝多知(智)乎?”

何莫邪对这个小故事进行了解析,他认为第一个男孩可能代表了整个时代对儒家冷漠的普遍态度。他将小男孩的推理思路概括为:

(1)日出时太阳比正午时大。

(2)所有在我们看来更大的东西都离我们更近。

(3)因此,太阳在日出时比中午时离我们更近。①

何莫邪还认为,孔子将严格的科学逻辑应用到伦理问题上。他将孔子的逻辑推理归纳为:

(1)把剩菜分给别人而不让它们腐烂的人是圣人。

(2)那个楚州的渔夫把他的剩菜分发出去,不让它们烂掉。

(3)因此,那个楚国的渔夫是个圣人。②

四、文化逻辑和笑话逻辑

中国古代文献中不乏一些幽默的笑话,但是,何莫邪指出,这些笑话中蕴含着明显的逻辑力量。如《战国策·魏策》中有:

宋人有学者,三年反而名其母。其母曰:“子学三年,反而名我者,何也?”其子曰:“吾所贤者,无过尧、舜,尧、舜名。吾所大者,无大天地,天地名。今母贤不过尧、舜,母大不过天地,是以名母也。”

何莫邪让读者自己构建不孝之子的潜在推理。我们将其概括如下:

(1)我所认为是圣贤的人,没有超过尧、舜的名声,我直呼尧、舜的名字。

(2)我所认为大的东西,没有大过天地的,我直呼天地的名字。

(3)如今母亲贤不会超过尧、舜,大不可能超过天地,因此,我直呼

①② Harbsmeier, Christoph: *Logic and Language in Traditional China*, Cambridge University Press, 1998, p.270.

母亲的名字。

何莫邪对此评价说：

> 如此完美的文化逻辑，令人惊叹。那么，如果你想了解逻辑是如何进入古代中国人的日常生活的，这类证据是无价的。①

因此，何莫邪又列举了《诗经》中的一个论证，有一个魏国的人被赵国的边防军逮捕，却自称是赵国的臣民。何莫邪将这个赵国人的推理解释为：

> (1)我在环海之中。
> (2)环海之中的每一个人，都是赵国的臣民。
> (3)因此，我是赵国的臣民。②

何莫邪对中国古代辩论中的这种推理，给予了高度赞赏，他认为，这种娱乐辩论的传统提供了中国"诡辩"兴盛的社会环境。即使是中国早期的逻辑学家，如公孙龙和惠施，我们也有充分的理由相信：

> 他们的逻辑论证在一定程度上是一种滑稽的逻辑娱乐。③

五、侮辱的逻辑

何莫邪指出，这种逻辑论证可以很好地为古代中国人服务。他认为《晏子春秋·内篇》中这个古老的涉及逻辑的侮辱事例就是最好的证明：

> 见楚王。王曰："齐无人耶，使子为使?"晏子对曰："齐之临淄三百闾，张袂成阴，挥汗成雨，比肩继踵而在，何为无人!"王曰："然则何为使子?"(《晏子春秋·内篇杂下》)

何莫邪将楚王无礼的逻辑总结如下：

> (1)如果齐国没有人的话，齐国只会派一些像晏子那样微不足道的人。
> (2)齐国派了一个和晏子一样微不足道的人来。

---

① Harbsmeier, Christoph: *Logic and Language in Traditional China*, Cambridge University Press, 1998, p.270.

②③ Harbsmeier, Christoph: *Logic and Language in Traditional China*, Cambridge University Press, 1998, p.271.

(3)因此,齐国没有人。①

当然,何莫邪并不认为楚王提出了一个合乎逻辑的论证。如果人们无法理解潜在的逻辑,就无法理解楚王的开场白有多么粗鲁。没有这种隐含的自然逻辑思路,这种侮辱根本行不通。晏子是如何有效地表达他的逻辑论证,对楚王进行强烈反击的?《晏子春秋·内篇》中有:

晏子对曰:"齐命使,各有所主。其贤者使使贤主,不肖者使使不肖主。婴最不肖,故宜使楚矣!"

何莫邪将晏子所运用的潜在推理概括为:

(1)齐国向每个国家派遣了一名与该国国王素质相符的大使。
(2)楚国的国王是最没有才华的。
(3)楚国配得上最没有才华的大使。
(4)晏子是最没有才华的大使。
(5)因此,齐国派晏子作为大使去楚国。②

从上述的论辩中,何莫邪发现,这种侮辱由于加上了必须的仪式上的谦卑而变得更加有效,就像晏子坚持说他是齐国最没有才华的人。这种谦逊,在这里和在其他地方一样,显然具有讽刺意味。

然而,何莫邪想知道:中国人倾向于如何证明他们认为需要证明的主张?中国古代的论辩人类学是什么?对这些问题的回答不是基于我们术语的辩论,为什么呢?他解释说:

我们在中国文学中搜寻西方推理形式的痕迹时所追求的这种方法有一些非常不令人满意的地方,因为我们感兴趣的不仅仅是中国人在多大程度上像西方人那样辩论和思考。我们更感兴趣的是他们在他们自己的权利中,在他们自己的术语中,为了他们自己的利益,他们的固有的倾向和推理和论述的习惯。③

①② Harbsmeier, Christoph: *Logic and Language in Traditional China*, Cambridge University Press, 1998,p.272.

③ Harbsmeier, Christoph: *Logic and Language in Traditional China*, Cambridge University Press, 1998,p.273.

六、中国古代对论辩的态度

何莫邪认为,古代中国人非常重视论辩。首先,论辩被用来抑制传统主义者的轻信。儒家传统论辩的特征是理性和脚踏实地,《孔丛子》中的一则故事将证明这一点:

> 魏王曰吾闻道士登华山、则长生不死、意亦愿之、对曰古无是道。非所愿也。王曰吾闻信之、对曰未审君之所闻。亲闻之于不死者耶。闻之于传闻者耶。君闻之于传闻者妄也。若闻之于不死者今安在。在者君学之勿疑。不在者君勿学无疑。

何莫邪也注意到,儒家论辩的另一个特点是对哲学问题的实用主义态度,《说苑·辨物》中子贡问孔子的这段话就是对中国古代理性思考的一个恰当的结论:

> 子贡问孔子:“死人有知无知也?”孔子曰:“吾欲言死者有知也,恐孝子顺孙妨生以送死也;欲言无知,恐不肖子孙弃不葬也。赐欲知死人有知将无知也,死徐自知之,犹未晚也。”

其次,在何莫邪看来,中国古代的逻辑论辩是道德正统的使臣,正如《荀子·非相》讲到的:“言而非仁之中也,则其言不若其默也,其辩不若其呐也。”曰:“凡言不合先王,不顺礼义,谓之奸言;虽辩,君子不听。”

在传统中国,大凡言论不合乎先王的道义,不顺从礼义,就叫作奸邪之言,即使说得有条理,君子也不听。如果言谈不合仁义之道,那么他开口说话还不如沉默寡言,能言善辩还不如木讷迟钝。可见:

> 中国古代的辩题都是与道德和政治相关的,任何熟悉西方思想史的人都不会对此感到惊讶:逻辑附属神学。在中世纪和文艺复兴时期的欧洲,逻辑和哲学仍然是神学的附属。①

七、中国古代是否存在论证

何莫邪指出,我们已经看到,古代中国人拥有构建论证所必需的语言和逻辑工具。那么,他们是否运用了逻辑工具进行论证呢?何莫邪认为,很难

① Harbsmeier, Christoph: *Logic and Language in Traditional China*, Cambridge University Press, 1998, p.277.

确定有些民族是否有自己的逻辑推理，究其原因是：

> 一方面，一个人（或一种文化）完全有可能过着幸福的生活，而无需明确地为任何结论进行逻辑论证或有意证明任何观点。另一方面，人们是否能在他们的言谈和行为中有证据（至少是含蓄地）表明他们有逻辑推理这一点，是远远不能确定的。人们很可能会说，这样一个民族是不可想象的。①

很多时候理性和论证不被人们使用，那么理性和论证在什么情况下才会产生？何莫邪回答说：

> 当一个思想家认真思考他可能是错误的可能性的普遍性，他需要理由和论证来支持他的观点的有效性时，理性和论证就产生了。这种理性并不是普遍存在的东西，但在我看来，它似乎与哲学文化的概念并非没有关联。②

那么，古代中国人是否发展出理性？

博德依据西方哲学的特征，推断出中国哲学文本中很难出现让我们信服的“论证”，因此，他认为中国哲学是非理性的：

> 由于对类比的过多重视，中国哲学很少采用逻辑的形式进行写作，而是经常采用一些形象化的隐喻，通过寓言的方式阐释一些重要观念。这样的结果使得中国哲学成为非逻辑的，它的主要目的是通过诉诸情感说服别人，而不是通过理性去说服。③

陈汉生不赞成这一观点，他认为这样的描述是不完全准确的，因为西方哲学家也会使用类比、隐喻或者寓言来阐释某些观点，难道他们也没有理性？相反，柏拉图的洞穴理论的讽喻以及笛卡儿的邪恶的魔鬼的隐喻，激发了其他学者的学术创新。④

何莫邪认为，这个问题与中国人的说话方式是否涉及我们可以识别的

---

①② Harbsmeier, Christoph: *Logic and Language in Traditional China*, Cambridge University Press, 1998, p.261.

③ Derk Bodde: "Reference, Meaning, and Belief," *Journal of Philosophy*, no.14, August 16, 1973, p.443.

④ Hansen, Chad: *Language and Logic in Ancient China*, The University of Michigan press, 1983, p.15.

逻辑思维方式是完全分开的。反过来,承认一个思路是合乎逻辑的,与承认它是可信的或可接受的完全不同,因此,必须小心地将理性和可接受性分开。为了更好解决此问题,何莫邪回答了下面几个独立的问题:

(1)古代中国人是否试图证明他们对世界的主张是正确的?(对这个问题的回答是肯定的"是的,他们当然这么做了。""他们经常这样做。")

(2)古代中国人有明确的逻辑论证吗?(答案是"是的,他们当然做了,但是在他们的论述中,这些论点的规模明显小于希腊,而且这些论点的逻辑结构相对简单一些。")

(3)我们能否在不违背这些文本的精神或解读异类逻辑元素的情况下,重建中国古代文本中隐含的论证?(答案是"是的,我们可以,为了正确地理解中国文本,传统的中国评论员和现代的西方译者都必须一直这么做。")

(4)中国的一些显性论证模式(如果确实有的话)是否被我们认为是有效的?(答案是"是的,有很多这样有效的明确和隐含的论点。")①

当然,为了更好地理解中国古代文本,奎因提到了翻译的问题:

随意的翻译会让当地人听起来很古怪。更好的翻译会把我们的逻辑强加给它们,如果有一个需要求的问题,那就是求前逻辑性的问题。②

对此,何莫邪解释说,从所有的哲学角度和目的来看,当我们试图理解我们所说的话时,我们就是我们自己。相对论也适用于这种情况。在这方面,中国的情况没有什么特别之处。但是,何莫邪也注意到,很多海外学者否定中国古代有论证或证明:

有人可能会说,古代中国人更倾向于通过类比或比较来论证"类推",而不是逻辑上通过论证或证明。③

① Harbsmeier, Christoph: *Logic and Language in Traditional China*, Cambridge University Press, 1998,pp.261—262.

② Quine, W. V. O.: *Word and Object*. MIT Press, Cambridge, Mass,1969,p.58.

③ Lau, D. C.: *Mencius, bilingual edition*, Chinese University Press, Hong Kong, 1983, pp.334—356.

有人可能会说，中国古代主要的知识模式不是论证或证明，而是分类或关联。何莫邪也指出，人们可能会觉得，中国人对证明一般论题不太感兴趣，而是把具体的名词与超自然的因素——神联系起来，并将它们分类，例如，在这样大的范畴中有阴、阳、五行。对此，葛瑞汉也认为：

> 一般来说，在理论话语中，我们必须用阴和阳来阐明宏大的计划。①

但毫无疑问，中国古代和希腊人一样喜欢类比论证，但研究中国和希腊的非类比论证仍然是有意义的。多德在他的著作中指出，一般来说，古希腊人的思维方式与我们所说的理性大相径庭。但多德在他的观察中又添了一个重要的续篇：

> 这里汇集的证据说明了古希腊精神世界的一个重要的、相对不熟悉的方面，但不能把一个方面看成全部。②

逻辑论证（而非相关解释）只是中国古代知识文化的一个方面，不能一概而论。然而，研究中国古代非相关理性思维和论证的演变及其模式是有意义的。何莫邪想说明的是：

> 中国古代文化中有这种逻辑推理的空间。在此，我将试着揭示一些流传至今的中国古代文献中明确或隐含的论辩和推理策略……我们之所以对中国是否存在这些（显性或隐性的）推理形式感兴趣，是因为我们想知道中国古代思维是否遵循着与我们完全不同的逻辑路径。③

在科学的背景下，关键的概念是证明和推理，基于此，何莫邪把中国古代的推理与希腊推理进行了比较：

> 与希腊相比，中国的形式证明艺术几乎没有发展。另一方面，似是而非的推理艺术，从孔子的弟子开始就成为中国知识分子生活中不可分割的一部分，特别是自从儒家学说受到诸如墨子学说等对立学派的

---

① Graham, A. C.: *Yin—Yang and the Nature of Correlative Thinking*, Institute of East Asian Philosophies Occasional Paper and Monograph Series, no. 6, Singapore, 1986, p.27.

② Dodds, E. R.: *The Greeks and the Irrational*, Oxford University Press, Oxford. 1951, p.viii.

③ Harbsmeier, Christoph: *Logic and Language in Traditional China*, Cambridge University Press, 1998, p.265.

挑战之后。[1]

希腊知识分子生活的一个独特特点，正是对非正式语境中正式证明的要求。柏拉图倾向于严格的论证理性主义，基本上就是这样：要求哲学中意义的严格清晰，并要求对任何哲学论题都有清晰的演绎证据，最好是以真实或似是而非的前提为证明形式。在中国，这种僵化的理性主义仍然是一种边缘现象。[2]

《墨子》中介绍了一个主张可接受的三个标准：过去当局的意见、民众的观察、对社会的有益或有害影响。何莫邪认为，《墨子》不仅建立了这些标准，而且在这些标准的基础上捍卫了自己的原则。他说：

从墨子开始，中国的许多思想家都试图为自己的主张辩护。逻辑论证在其中发挥了有限的作用。但必须强调的是，在中国古代，逻辑论证并不是证明或支持论点的首选方式。[3]

那么，中国古代思想家支持自己主张的首选方式是什么呢？何莫邪认为，是通过历史例子中的范例论证。1724年，比尔芬格注意到这一点：

中国人发现了一种令人愉快的示范方式，但在我们听来，这种方式并不常见：它不在于用论证来证实他们的指示，而在于用国王和皇帝的例子来证实。[4]

第二节　中国古代的论辩形式

海外学者对中国古代论辩形式的研究成果，主要有卢卡谢维奇(Lukasiewicz)的《从现代形式逻辑的角度看亚里士多德的三段论》(*Aristotle's Syllogistic from the Standpoint of Modern Formal Logic*，1957)、何莫邪的《传统中国的逻辑和

---

① Harbsmeier, Christoph: *Logic and Language in Traditional China*, Cambridge University Press ,1998,p.265.

② Harbsmeier, Christoph: *Logic and Language in Traditional China*, Cambridge University Press, 1998,p.266

③ Harbsmeier, Christoph: *Logic and Language in Traditional China*, Cambridge University Press, 1998,p.267.

④ Bilfinger,G.B.:*Specimen doctrinae veterum Sinarum moralis etpoliticae*, Theodor Mezler, Frankfurt,1924,p.30.

语言》、方克涛的《中国古典思想的区别、判断和推理》(*Distinctions, Judgment, and Reasoning in Classical Chinese Thought*,2013)等。这些著作及论文主要对中国古代的“三段论”“连锁推理”“否定式”“演绎推理”等论辩形式进行了研究。

一、三段论

何莫邪认为,中国古代文献中也出现很多类似亚里士多德三段论的论证,如王充在《论衡》中提供了一个有效的三段论来支持他的论点,即故事一定是不真实的:

人都是生物。
万物皆有一死。
因此,人皆有一死。①

矛盾的是,王充的三段论比中世纪以来西方逻辑史上流行的、标准的西方逻辑形式更纯粹、更准确:

人皆有一死
苏格拉底是人。
因此,苏格拉底终有一死。②

针对上述三段论推理,卢卡谢维奇指出:

> 西方三段论的标准例子实际上并不符合亚里士多德的规则,因为它有一个非属类的主题术语“苏格拉底”。对于王充的三段论,没有这样的异议。另一方面,王充对论点的表述并非刻意形式化。但那时王充并没有从事形式逻辑的研究。他所充分证明的是,用一个有效的论证来支持一个结论的概念,以及用三段论的形式来证明一个结论,与中国古代思想并不完全不同。③

何莫邪认为,甚至在早期的文献中也不乏严格的准三段论思维的逻辑序列,特别是一些笑话。他将《吕氏春秋》中的一个笑话的论证或逻辑思路概括如下:

---

①② Harbsmeier, Christoph: *Logic and Language in Traditional China*, Cambridge University Press, 1998, p.278.

③ Lukasiewicz, Jan: *Aristotle's Syllogistic from the Standpoint of Modern Formal Logic*, 2nd enlarged edition, Oxford University Press, Oxford, p.1957.

(1)每个为他人服务的人都是为了自己的利益。

(2)如果我自杀了,那不是为了我自己的利益。

(3)因此:我没有自杀。①

方克涛认为上述何莫邪列举的三段论实际上不是三段论,也不是准三段论,只有经过大量重写,才能将其重新表述为一个三段论。上述三段论是一个仆人为自己行为所做的辩护。或者,仆人的解释可以被看作应用了一种情态的解释。在这种解释中,他认为,实际上,既然服务于他人是为了利益,在为他人服务时死亡是没有好处的,一个人也不会在为他人服务时死亡。经过适当的阐述,两种解释都可以理解为仆人对自己行为的辩护,但都需要对他的言论进行大量的重新表述,这两种解释都不符合任何一种推理模式。相比之下,至少在中国早期文本中一些据称是演绎论证的突出例子,可以用基于模型推理的概念假设来解释,而不是用演绎推理的隐含概念来解释。方克涛提出一种新的解释——推理假设:

> 我们基于模型的推理假设,对仆人的话提供了简单、直接的解释。他首先引用了指导他活动的模式或标准:"服务是为了利益。"符合这个标准的,他会做;与之不符的,他会回避。他指出死亡不符合标准,所以他没有死。②

方克涛认为,他提出的假设直接关系到我们对中国古代语言和逻辑哲学的解释。然而,除此之外,对一种文化中的逻辑和论证的明确研究往往反映出在各个领域中使用的概念和推理实践,这些假设的意义——如果它们是正确的——可能也会延伸到我们对中国思想其他领域的解释,它们可能有助于指导新的解释,或支持和解释现有的解释。③

何莫邪注意到,在古代汉语中,这种断章取义并不总是为了好玩的笑话。何莫邪列举了《晏子春秋》中的事例来说明一种基本的逻辑模式:

(1)凡有毅力的人都会成功。

(2)我有毅力。

---

① Harbsmeier, Christoph: *Logic and Language in Traditional China*, Cambridge University Press, 1998,p.279.

②③ Fraser, Chris:"Distinctions, Judgment, and Reasoning in Classical Chinese Thought", *History and Philosophy of Logic*, 2013 Vol. 34, No. 1,pp. 1—24.

(3)因此,我成功。①

对于上述论证形式,何莫邪指出:

这不是一个形式良好的亚里士多德三段论,因为它包含一个单数术语“我”。但在欧洲,它与三段论非常接近,以至于人们在传统上将其与三段论混淆。无论如何,关键是它代表了合理的可识别的逻辑。②

在《孟子·公孙丑上》中,何莫邪发现了另一个接近传统中世纪(和非亚里士多德)准三段论的论证:

昔者子贡问于孔子曰:“夫子圣矣乎?”孔子曰:“圣则吾不能,我学不厌而教不倦也。”子贡曰:“学不厌,智也;教不倦,仁也。仁且智,夫子既圣矣!”

何莫邪认为,子贡通过以下两个中间步骤得出孔子是圣人的理想结论:

(1)孔子不厌学,不厌教。
(2)凡是不厌学、不厌教的人,便是智者和仁者。
(3)凡是智者和仁者都是圣人。
(4)因此,孔子是圣人。③

何莫邪也指出,子贡根据比三段论更复杂的模式进行论证。该模式涉及中间两个普遍命题,每个命题又是复杂的。从现代逻辑的观点来看,三段论并没有特殊的系统逻辑意义。三段论没有任何逻辑基础,这种特殊的形式在历史上扮演了重要角色,因为它受到亚里士多德的青睐。传统上对中国人是否有三段论的关注在理论上是完全错误的。何莫邪分析其原因为:

王充使用三段论形式的事实,不过是一种有趣的逻辑好奇,我们用它来介绍我们的疑问,因为它表明,中国人可以使用这种形式的论证。但如果中国没有使用它,也不会有太大区别。事实上,除了专门讨论抽象逻辑的文本之外,正式的三段论是罕见的,即使在西方也是如此。④

---

①② Harbsmeier, Christoph: *Logic and Language in Traditional China*, Cambridge University Press, 1998, p.279.

③④ Harbsmeier, Christoph: *Logic and Language in Traditional China*, Cambridge University Press, 1998, p.280.

二、连锁推理

古代中国人喜欢按一系列的含义进行争论，这被称为“连锁推理”。

这些论证的一般形式如下：S_1蕴含S_2，S_2蕴含S_3，……，S_{n-1}蕴含S_n。其中，S_1蕴含Sn的结论通常未被表达，但可能与论证有关，也可能与论证无关。何莫邪用《韩非·解老》中的两个形式上不完美的例子进行说明：

其一：

人有福，则富贵至；
富贵至，则衣食美；
衣食美，则骄心生；
骄心生，则行邪僻而动弃理。
行邪僻，则身夭死；
动弃理，则无成功。
夫内有死夭之难而外无成功之名者，大祸也，而祸本生于有福。
故曰：福兮祸之所伏。

其二：

人有祸，则心畏恐；
心畏恐，则行端直；
行端直，则思虑熟；
思虑熟，则得事理。
行端直，则无祸害；
无祸害，则尽天年。
得事理，则必成功。
尽天年，则全而寿。
必成功，则富与贵。
全寿富贵之谓福，而福本于有祸。
故曰：祸兮福之所倚，以成其功也。

对于上述的论证形式，何莫邪认为：

韩非的这种推理序列看起来确实像一个逻辑论证，他使用汉语词“则”所表示的关系的及物性，但是，韩非并没有用助词“则”建立一系列逻辑蕴涵。韩非通过使用p则q只是声称在这个世界上有一个经常伴随的情况出现。他不关心任何可能世界中p和q之间的逻辑联系。①

何莫邪还列举了最著名的《论语·子路》中"连锁推理"或推理链的例子。它确实在形式上无可挑剔,只是没有明确说明结论:

> 名不正,则言不顺;
> 言不顺,则事不成;
> 事不成,则礼乐不兴;
> 礼乐不兴,则刑罚不中;
> 刑罚不中,则民无所措手足。

这段推理有五个句子组成,按照西方逻辑学的推理模式,最后一句话应该是结论,但是孔子是否有意论证"刑罚不中,则民无所措手足"这个结论呢?通过对连锁推理形式的思考,何莫邪认为:

> 中国古代建立的不是逻辑规律,而是在具体世界中有规律的序列或链条。他们所从事的不是形式逻辑,而是"真实"逻辑,是世界中某些特征相伴而生的规律性。②

中国古代思想中,连锁推理理论的重要性在于,它使中国思想家能够在世界的不同特征之间建立间接的联系,这种构建经常伴随链条的习惯是普遍存在的。它是"中国人塑造或构建世界的主要策略,影响深远的儒家四书之一的《大学》,几乎就是这种模式的全部"③。

三、否定式

何莫邪认为,这是一种在传统上被称为否定式的论证形式:

> (A)p意味着q,
> 非q,
> 因此,非p。④

事实证明,这种论证形式在中国古代文本中比看似更直接的对应形式更受欢迎。例如《论语·雍也》中的一个典型的中国否定式的例子:

---

①②③④ Harbsmeier, Christoph: *Logic and Language in Traditional China*, Cambridge University Press, 1998,p.282.

冉求曰:“非不说子之道,力不足也。”
子曰:“力不足者,中道而废,今女画。”

这是一段冉求和孔子的对话,冉求说:“我不是不喜欢老师您所讲的学说,而是我的能力不够呀。”孔子说:“能力不够的人是到半路才停下来,而你却画地为牢,不肯前进。”何莫邪认为,孔子在这里做了一个假设:

任何力量不足以完成某件事的人都会中途放弃,
冉求显然没有中途放弃(他没有适当地尝试),
因此,冉求的行为不是因为他的体力不足。①

何莫邪认为,这个论证的初步形式化可能是这样的:

(B)(对于所有x) f_x蕴含g_x,
非g_a,
因此,非f_a。②

这里f代表没有足够的力量去完成某事,g代表中途放弃,a代表冉求。我们有一个推论的不完全例子,因为量化涉及第一个前提。何莫邪的观点是:

这不是说这是一个非常复杂的论证。然而,这个论证显然是形式上有效的。有了前提,结论就有逻辑了。而且,虽然其中一个前提没有明确提及,但孔子的话语足以让我们自信地重建他思想的逻辑结构。③

何莫邪在《孟子·告子下》中发现了一种更直接的否定式:

是故无贤者也,有则髡必识之。

何莫邪将这一论证结构概括如下:

如果存在贤能的人,我必然会认识。
我不知道有贤能的人,
因此,齐国没有贤能的人。

①②③ Harbsmeier, Christoph: *Logic and Language in Traditional China*, Cambridge University Press, 1998,p.283.

何莫邪也指出,这显然不能正式证明有贤能的人是不存在的,但这一思路的逻辑结构似乎非常清晰。[①]《孟子·离娄上》中的另一个例子与此逻辑结构完全相似:

> 父子之间不责善。责善则离,离则不祥莫大焉。

这种观点的逻辑解释可以是这样的:

> 如果父亲和儿子之间有责备的劝告,就会有冲突。
> 冲突是不吉利的(因此必须避免)。
> 因此,要避免父子之间的责备。[②]

何莫邪注意到,《孟子·告子上》中还有很多这样的论证:

> 孟子曰:鱼,我所欲也;熊掌,亦我所欲也,二者不可得兼,舍鱼而取熊掌者也。生,亦我所欲也;义,亦我所欲也,二者不可得兼,舍生而取义者也。生亦我所欲,所欲有甚于生者,故不为苟得也;死亦我所恶,所恶有甚于死者,故患有所不辟也。如使人之所欲莫甚于生,则凡可以得生者,何不用也?使人之所恶莫甚于死者,则凡可以辟患者,何不为也?由是则生而有不用也,由是则可以辟患而有不为也。是故所欲有甚于生者,所恶有甚于死者,非独贤者有是心也,人皆有之,贤者能勿丧耳。

这段话的结论是说,他们所想要的有比生命更宝贵的东西(那就是"义");他们所厌恶的,有比死亡更严重的事(那就是"不义")。不仅贤人有这种本性,人人都有,只不过贤能的人不丧失罢了。何莫邪认为,其中一种论证是这样的:

> (1)如果人们的最高价值是保全生命和避免死亡,他们会尽一切努力保全生命和避免死亡。
>
> (2)在某些情况下,人们会选择做一些导致他们死亡的事情,或者不去做一些挽救他们生命的事情。
>
> (3)因此,有些东西比保存生命和避免死亡更重要。[③]

---

①② Harbsmeier, Christoph: *Logic and Language in Traditional China*, Cambridge University Press, 1998, p.283.

③ Harbsmeier, Christoph: *Logic and Language in Traditional China*, Cambridge University Press, 1998, p.284.

最后，何莫邪也注意到，中国古代有一种做法，就是用一个反例来驳斥一种概括性的说法。这个反例当然是与“否定式”有关，因为它使用了必然性或量化的概念。[①]我们发现，在这里，何莫邪所说的这一论证方式，类似于后期墨家逻辑中的“止”。《墨子·经上》云：“止同以别。”《墨子·经说上》云：“(止)彼举然者，以为此其然也，则举不然者而问之”。

四、演绎推理

何莫邪指出，传统上认为演绎推理的论证是这种形式的：

(C) p蕴含q，
p，
因此q。[②]

正如墨家很多案例所说明的那样，一个墨家启发的推理概念，通过与模型的比较来区分，似乎可以解释许多据称是演绎推理的例子。早期文本中的论证至少与演绎推理的熟悉概念一样，甚至可能更好。事实上，鉴于他们的推理和论证概念以“辩”为中心，方克涛认为中国古代思想家很可能在提出模型和比较事物方面，已经解释了我们所看到的演绎推理的范例形式：

> 例如MP或MT。在他们的理论框架内，根据语境的不同，早期的中国理论家可以解释MP ($P \supset Q, P \therefore Q$)，大致如下：“P是Q的模型或标准。本案是P。因此我们将其区分为Q。”MT ($P \supset Q, \sim Q \therefore \sim P$) 他们可以这样解释：“在认为P时，以Q作为模型。目前的情况与Q不同。所以我们将其区分为非P。”[③]

其实，当他们给出我们解释为演绎论证的东西时，古典作家可能仍然理解他们正在做的事情是引用模型，指出相似之处，并相应地进行区分。当然，方克涛也认识到，与MP、MT或任何演绎有效的论证不同，这种西方逻辑中的必然性推理模式，在中国古代思想家那里并不是保真的。

> 即使他们的“前提”正确区分事物，他们的“结论”也可能无法做到

---

①② Harbsmeier, Christoph: *Logic and Language in Traditional China*, Cambridge University Press, 1998, p.284.

③ Fraser, Chris: “Distinctions, Judgment, and Reasoning in Classical Chinese Thought”, *History and Philosophy of Logic*, 2013 Vol. 34, No. 1, p.1—24.

这一点。然而，它们并不是为了保护真相。Pre—Hàn 逻辑理论家没有采用有效推理的概念，事实上他们拒绝了基于形式结构的推理总是可靠的想法(Hansen 1983，Fraser 2009a，Robins 2010)。①

何莫邪举出《论语·阳货》中的例子，他认为在这篇文章中，体现了中国古代思想家对演绎推理的运用：

子路曰："昔者由也闻诸夫子曰：'亲于其身为不善者，君子不入也。'佛肸以中牟畔，子之往也，如之何？"

何莫邪把子路的基本论证概括如下：

(1)君子不应该进入做坏事的人的领地。
(2)佛肸是一个做坏事的人。
(3)孔子是一位君子。
(4)因此，孔子，您不应该进入佛肸的领域。②

何莫邪通过分析得出：

这远不是一个简单的运用演绎推理的例子，但它与演绎推理的联系是很明显的。③

方克涛却完全不赞成何莫邪的上述观点。他认为，如果按照上述的推理模式进行推理，在当时的语境中，其结论都是不正确的，不能称之为演绎推理：

在它们的原始语境中，上面讨论的两个据称是演绎推理的例子都被认为产生了不正确的结论。仆人的言论被认为是对重大错误的狡猾辩护，说明"措辞"不足以正确判断事务。子路的挑战被孔子通过一系列隐喻匆忙驳回，暗示他是清廉的，必须接受佛肸的提议或浪费他的才能。④

接着，何莫邪又引用了《论语·阳货》中孔子的回答。孔子对子路的质疑

①④ Fraser, Chris: "Distinctions, Judgment, and Reasoning in Classical Chinese Thought", *History and Philosophy of Logic*, 2013 Vol. 34, No. 1, pp.1—24.

②③ Harbsmeier, Christoph: *Logic and Language in Traditional China*, Cambridge University Press, 1998, p.285.

缺乏理性的一面，表现出了明显的兴趣：

子曰："然，有是言也。不曰坚乎，磨而不磷；不曰白乎，涅而不缁。吾岂匏瓜也哉？焉能系而不食？"

何莫邪比较了《墨子·公输》中墨子对类似抱怨的回应：

子墨子有疾，跌鼻进而问曰："先生以鬼神为明，能为祸福，为善者赏之，为不善者罚之。今先生圣人也，何故有疾？意者先生之言有不善乎？鬼神不明知乎？"

墨子有病，跌鼻进来问他说："先生认为鬼神是明智的，能造成祸福，从事善事的就奖赏他，从事不善事的就惩罚他。现在先生作为圣人，为什么还得病呢？或许先生的言论有不精确的地方？鬼神也不是明智的？"

何莫邪认为，墨子在他的回答中很严肃地对待自相矛盾的指责：

子墨子曰："虽使我有病，何遽不明？人之所得于病者多方，有得之寒暑，有得之劳苦。百门而闭一门焉，则盗何遽无从入？"

意思是说，即使我有病，而鬼神为什么不明智呢？人得病的原因很多，有从寒暑中得来的，有从劳苦中得来的，好比房屋有一百个门，只关上一个门，盗贼为何不能进去呢？

第五章　海外学者视野中的中国古代逻辑理论

先秦时期各种思想流派自由辩论，形成了儒、墨、名、法、道等不同的学派，形成了"百家争鸣"的局面。在这些辩论中，有些学派对"名实""正名"以及论辩术进行了讨论，形成了自己的学术观点，如邓析的"两可之说"的名辩思想，惠施探讨名实关系的"合同异"思想，公孙龙的"白马非马"和"离坚白"观点，荀子的"正名"思想，后期墨家的"名""辞""说"，因此，先秦时期可以说是中国古代逻辑发展的鼎盛时期。本章主要梳理和探讨海外学者对邓析、惠施、公孙龙、荀子以及后期墨家的逻辑理论的研究。

第一节　海外学者与邓析的逻辑理论

邓析（公元前545年—前501年），郑国人，曾任郑国大夫，春秋末期思想家，"名辨之学"倡始人，与子产同时，系名家学派的先驱人物。他是代表新兴地主阶级利益的革新派，第一个提出反对"礼治"思想，他的主要思想倾向是"不法先王，不是礼义"，主要作品有《无厚篇》和《转辞篇》。

海外学者主要关注邓析逻辑理论的三个方面问题，第一个问题涉及法律与逻辑的关系，第二个问题是法律与变量的关系，第三个问题是邓析著名的"两可之说"。

对于第一个问题，法律与逻辑的问题，海外学者赫尔塞（A. F. P. Hulsewé）认为：

> 中国法典的产生可能早于8世纪，即使是在秦，它也一定比4世纪早得多。到了公元3世纪，法律体系（刑法和行政）变得相当复杂。[①]

由于自然法就有逻辑的属性，修辞学则是通过论辩使人信服，而法律修

① Hulsewé, A. F. P.: *Remnants of Ch'in Law*, Brill, Leiden, 1985, p.1.

辞是把修辞与法律结合在一起，海外学者何莫邪认为法律修辞与逻辑是密切相关的。邓析作为中国最较早的法学家和修辞家，何莫邪认为他是中国传统逻辑的奠基人：

他（邓析——引者注）在逻辑史上的重要意义与他的法律利益密切相关。中国的逻辑正是在这种法律基础上发展起来的。首先是与法律修辞密切相关，然后更独立自主地作为一种关注。①

对于第二个问题，法律与变量的问题。在初等数学中，变量是表示数字的字母字符，具有任意性和未知性。何莫邪认为古汉语中有一个语词“某”，具有变量的性质。何莫邪把“某”称之为“such－and－such”②，他称“这种表达式为伪变量”（pseudo－variable）③。何莫邪认为古代中国人用来表示变量的符号不可能是字母表中的字母：

因为他们不知道任何字母表。相反，他们使用了所谓的“十干”（ten stems），这是中国古代断代系统中使用的一系列字符。④

何莫邪认为汉语法律文本中的变数可作修饰语：

如大夫甲（“大夫X”）和女子甲（“女子X”），这是法律从业者语言储备的一个标准部分。⑤

赫尔塞通过讨论《睡虎地秦墓竹简》中的三个例子，来说明法律与变量的关系。第一个是“两人抢劫如何确定责任”的例子：

X（甲）和Y（乙）本来不认识。X（甲）准备抢劫Z（丙）。当他到达时，Y（乙）也跟着X（甲）抢劫了Z（丙），其间，Y（乙）和X（甲）进行了交流后，他们继续抢劫。这些货物的价值是每件四百（现金），他们都抢劫到了一些钱。如果他们抢劫前做了计划，那么就必须对抢劫总额负责。如果他们抢劫前没有事先制定计划，他们只需对自己抢劫的数额负

① Harbsmeier，Christoph: *Logic and Language in Traditional China*, Cambridge University Press, 1998, pp.286－287.

②③ Harbsmeier，Christoph: *Logic and Language in Traditional China*, Cambridge University Press, 1998, p.287.

④⑤ Giles, Herberta: *A Chinese-English Dictionary*, Quaritch, London, and Kelly and Walsh, Shanghai, Hong Kong, Yokohama and Singapore. 2nd ed. 1912, 1892, p.29f.

责。[①]

第二个是关于“伤害”的例子：

当X(甲)和Y(乙)各自与女子Z(丙)发生性关系，而X和Y因此伤害了对方，那么如果Z不知道这一点，她将如何被指控？她不应该被指控。[②]

第三个例子是：

某个村庄的W和X两个平民把Y和Z两个人带了进来。[③]

赫尔塞所提出的这三个法律的例子中，都出现了变量，其中，第三个例子中还出现了何莫邪所认为的伪变量“某”。因此，赫尔塞与何莫邪持有相同的观点，即认为法律和变量存在关系。

邓析的一个重要思想就是“两可之说”。在正统观点看来，这是一种“以非为是，以是为非，是非无度”的诡辩论，简单地说，就是模棱两可、混淆是非的理论。因此，对于第三个问题“两可之说”，自然获得了海外学者的关注。威廉(Wilhelm，R)就举出了一个关于“两可之说”的例子，这个例子也反映出了邓析的日常生活：

当人们打官司时，邓析就和他们签订协议：大案送一件大衣，小案送短衣外加短裤。无数人都拿出了自己的大衣、短衣外加短裤来听取他的法律建议。邓析把错变成对，把对变成错。没有对与错的标准。可以接受的和不可以接受的每一天都在改变。如果邓析想要某人赢一场官司，那个人最终会赢。如果邓析希望有人被判有罪，那个人最终会被判有罪。郑国陷入了极大的混乱之中，人们一直在争论不休。[④]

---

① Hulsewé, A. F. P.: *Remnants of Ch'in Law*, Brill, Leiden, 1985:D11.这个例子来源于《睡虎地秦墓竹简》，北京：文物出版社，1978年版，第156页。

② Hulsewé, A. F. P.: *Remnants of Ch'in Law*, Brill, Leiden, 1985:D152.这个例子来源于《睡虎地秦墓竹简》，北京：文物出版社，1978年版，第225页。

③ Hulsewé, A. F. P.: *Remnants of Ch'in Law*, Brill, Leiden, 1985:E9.这个例子来源于《睡虎地秦墓竹简》，北京：文物出版社，1978年版，第252页。

④ Wilhelm, R.: *Frühling und Herbst des Lü By We* (the Lü *Shih Chhun Chhin*). Diederichs, Jena, 1928, p.302.这个例子来源于《吕氏春秋·离谓》：“子产治郑，邓析务难之。与民之有狱者约：大狱一衣，小狱襦裤。民之献衣襦裤而学讼者，不可胜数。以非为是，以是为非，是非无度，而可与不可日变。所欲胜因胜，所欲罪因罪。”

威廉(Wilhelm,R)的这个例子来源于《吕氏春秋·离谓》。他把其翻译成英文后,与原文虽然近似,但是表述还是少有差异,如威廉把"衣"翻译成"coat",襦裤翻译成"jacket with trousers"。这也反映了中英文表述的差异。

威廉认为邓析具有很高的辩论技巧,当然,邓析的有些辩论技巧属于诡辩,尽管这些诡辩很精妙。威廉举出以下的例子来说明他的这个观点:

> 渭河周围发生了洪水。程氏的一个富人淹死了。有人把尸体捞了出来,富人的家人想要把尸体买回来。然而,发现尸体的人要了很多钱。这个富有的家庭向邓析投诉,后者回答说:"别管他,反正没人会买他的遗体。"发现尸体的人很生气,他也向邓析抱怨,后者回答说:"别管他们!反正他们也没有别的地方可以买到尸体。"①

何莫邪认为威廉举出的这个例子虽然是个笑话,但是这个笑话中透漏出那个时代人们的观念和情感。何莫邪指出,邓析被认为是一个卑微的修辞家,会为他的客户想听的任何东西提供令人信服的论据:

> 值得注意的是,他的两个说法都是完全正确的。令人愤慨的是邓析似乎并不关心他给双方的建议是不一致的。在每一种情况下,他都从当事人的角度进行辩论。他所采取的总体立场前后不一,这与他无关。他是后来被称为"两可之说"学说的拥护者,即双方都是对的。②

对于诡辩,邓析作为一名法律人,人们可能会觉得他采取这样的立场是无可厚非的,但是,何莫邪认为诡辩是存在问题的:

> 诡辩的发展在于法律论证脱离其社会背景,为其自身的利益提供论点,特别是试图用无可辩驳的论点为明显的悖论辩护。③

方克涛发现:荀子曾三次提到邓析的思想,且每次都把他和惠施联系起来,尽管他俩来自不同的国家,相隔大约200年:

---

① Wilhelm, R.: *Frühling und Herbst des Lü By We* (the Lü *Shih Chhun Chhin*). Diederichs, Jena, 1928, p.301. 这个例子来源于《吕氏春秋·离谓》:洧水甚大,郑之富人有溺者,人得其死者。富人请赎之,其人求金甚多,以告邓析,邓析曰:"安之,人必莫之卖矣。"得死者患之,以告邓析,邓析又答之曰:"安之,此必无所更买矣。"

②③ Harbsmeier, Christoph: *Logic and Language in Traditional China*, Cambridge University Press, 1998, p.289.

这种不一致性表明,这一对组合用来代表某种普遍的知识分子风格或取向。因此,荀子所说的诡辩也许不是他们的发明,至少不是邓析的发明。荀子把他们描述为"喜欢处理奇怪的学说和玩弄诡异的表达"。[①]

第二节 海外学者与惠施的逻辑理论

惠子(公元前390年—约前317年),惠氏,名施,战国中期宋国(今河南商丘)人。著名的政治家、思想家、哲学家,名家学派的开山鼻祖和主要代表人物,也是庄子的至交好友。其论著主要是有关宇宙万物的学说,可惜他的著作已经失传,只有《庄子·天下篇》保存有他的十个命题,即"历物十事":主要是对自然界的分析,其中有些含有辩证的因素。惠施是名家"合同异"派的代表人物,他的"历物十事"贯穿着"合同异"的思想。

何莫邪指出,惠施在中国古代文献中被认为是一个多才多艺的人,在很多领域都有着不错的发展:

> 他是一位杰出的政治家、法律专家、科学理论家、实践科学家、著名的健谈者和古怪的道家庄子的朋友,难怪中国古代书籍充满了惠施的故事。[②]

何莫邪认为尽管我们无法判断惠施立法的质量,但我们可以肯定地得出结论,法被广泛认为是不必要的、微妙和复杂的,也许是迂腐的。何莫邪认为这种思路也体现在惠施的哲学思想中:"在哲学上,它被认为同样不自然和迂腐。"[③]何莫邪认为惠施的科学兴趣并不局限于政治和法律实践。他认为惠施"chasing after things and not turning back"(逐万物而不反)[④],"What nobler theme is there than Heaven and Earth? I keep my male rôle. I depend on no tradition"(天地其壮乎,施存雄而无术)[⑤]。何莫邪引用了如下的话语,基于这些话语,何莫邪认为惠施对他那个时代的世俗科学问题表示

---

① Fraser, Chris:"School of Names",见SEP。

②③ Harbsmeier, Christoph: *Logic and Language in Traditional China*, Cambridge University Press, 1998, p.290.

④⑤ Harbsmeier, Christoph: *Logic and Language in Traditional China*, Cambridge University Press, 1998, p.290.这句话来源于《庄子·天下》。

出了强烈的兴趣：

> 内在力量薄弱，外在力量强大，他的道路是弯曲的。如果我们从天地之道的角度来考虑惠施的能力，是的，他的能力不过是蚊子或蚊虫的劳动。即使在事物的领域里，它们又有什么用呢？①

何莫邪还认为，惠施似乎都是站在一些深思熟虑和挑衅、反对传统的高雅立场，在他们的时代惠施属于道德的哲学家，他们是中国“原始科学史”上的关键人物。何莫邪的分析是基于以下表述：

> 南方有个怪人叫黄缭，他问天不塌，地不沉，还有风、雨和打雷的原因。惠施不假思索地回答：他不停地、详尽地讨论着所有的事情，以为自己的话很少，还不断地在上面加上一些奇怪的语句。②

我们认为，何莫邪对于惠施的这个评价是合理的，因为根据现有的研究文献，我们能发现很多支持何莫邪这个观点的论述，例如《庄子》中记载了大量惠施的内容。与葛瑞汉不同，威廉（Wilhelm，R）则从惠施的一些轶事分析了惠施的辩论风格：

> 匡章当着惠王的面对惠施说：“农民捉了蝗虫，一定会把它杀死的。他为什么要这么做？因为它们会损害谷物。现在你经常带着几百辆车和几百个追随者四处旅行，至少也有几十辆车和几十个追随者。这意味着你不工作，但仍然在吃饭。对粮食的危害比蝗虫造成的危害还要

---

① Harbsmeier, Christoph: *Logic and Language in Traditional China*, Cambridge University Press, 1998, p. 290. 何莫邪原文是：Weak in the Power within, strong on the things outside, his was a crooked path. If we consider Hui Shih's abilities from the viewpoint of the Way of Heaven and Earth, yes, his were no more than the labours of a mosquito or a gnat. Even within the realm of things, what use were they? 这句话来源于《庄子·天下》：弱于德，强于物，其涂袄矣。由天地之道观惠施之能，其犹一蚊一虻之劳者也。其于物也何庸！

② Harbsmeier, Christoph: *Logic and Language in Traditional China*, Cambridge University Press, 1998, p. 291. 何莫邪原文：In the south there was a queer man named Huang Liao who asked why the sky did not fall and the earth did not sink; also about the causes of wind, rain and the rolling thunder. Hui Shih answered without hesitation, and without taking time for reflection. He discussed all things continuously and at great length, imagining that his words were but few, and still adding to them strange statements. 这句话来源于《庄子·天下》：南方有倚人焉，曰黄缭，问天地所以不坠不陷，风雨雷霆之故。惠施不辞而应，不虑而对，遍为万物说。说而不休，多而无已，犹以为寡，益之以怪，以反人为实，而欲以胜人为名，是以与众不适也。

大。”

惠王说：“惠施回答您就有困难了。不过，还是让他说吧。”

惠施说：“举个例子，如果有人建了一座城墙，那么有些人就会站在城墙的顶端，脚踏在土地上。另一些人会把装着泥土的篮子带到地底下。还有一些人看图纸，监督建筑活动。我是其中一个拿着图纸的主管。如果你把一个纺纱工变成丝绸，她就不能再做丝绸了。如果你把木匠变成木头，他就不能继续做木头了。如果你把圣人变成农民，他就不能为农民工作了。你为什么要把我比作一只蝗虫呢？”①

由上述例子，我们不难发现，何莫邪关于惠施对他那个时代的世俗科学十分感兴趣的观点是合理的。何莫邪注意到惠施非常善于使用类比，也就是中国逻辑中的“譬”。对此，何莫邪惠施举出了惠施使用类比的例子：

有个门客对梁王说：“惠施说什么话，总是喜欢说明性的比较。如果你禁止他做说明性的比较，他就不会说话。”

国王同意了。第二天在席上，他对惠施说：“我希望你讲一些事情的时候，直接说出来，不要做说明性的比较。”

---

① Wilhelm, R., *Frühling und Herbst des Lü By We* (the Lü *Shih Chhun Chhin*). Diederichs, Jena, 1928, p.308. 何莫邪原文：Khuang Chuang spoke as follows to Hui Shih in the presence of King Hui of Wei: “A peasant will kill a locust if he has caught one. Why does he do this? Because they harm the grain. Now you travel around often with several hundred carts and several hundred followers, and at the very least with some dozen carts and some dozen followers. That means that you do not work but still eat. The harm to the grain is greater than that caused by the locusts.”

King Hui said: “Hui Shih will have trouble answering you. Still, let him speak.”

Hui Shih said: “If for example one builds a city wall, then some people will stand on top and tread down the earth. Others will carry along the baskets with earth down below. Still others look at the drawings and supervise the building activities. I am one of the supervisors with the drawings in their hands.

If you transform a spinner into silk, she won't be able to go on to work silk. If you transform a carpenter into wood, he won't be able to continue to work wood. If you transform a sage into a peasant, he won't be able to work the peasants. Why do you insist on comparing me to a locust?”. 本段话出自《吕氏春秋·审应览·不屈》：匡章谓惠子於魏王之前曰：“蝗螟，农夫得而杀之，奚故？为其害稼也。今公行，多者数百乘，步者数百人；少者数十乘，步者数十人。此无耕而食者，其害稼亦甚矣。”惠王曰：“惠子施也难以辞与公相应。虽然，请言其志。”惠子曰：“今之城者，或者操大筑乎城上，或负畚而赴乎城下，或操表掇以善睎望。若施者，其操表掇者也。使工女化而为丝，不能治丝；使大匠化而为木，不能治木；使圣人化而为农夫，不能治农夫。施而治农夫者也，公何事比施於螣螟乎？”

“假设有一个人不知道什么是弹”，惠施说，“如果他问弹有什么特点？你回答像弹一样，他会明白吗？”

“不会”。

“如果你转而回答弹像弓，但用的是竹弦，他会知道吗？””

“会知道的。”

惠施说：“这是解释的本质，用他知道的东西来类比他不知道的东西，使他知道。你叫我放弃说明性的比较，是不行的。”

国王说：“说得好！”①

海外学者还重点探讨了惠施的十大命题。惠施的十大命题是指《庄子·天下》记载的惠施“历物之意”的十个命题，也被称作“历物十事”：(1)至大无外，谓之大一；至小无内，谓之小一。(2)无厚不可积也，其大千里。(3)天与地卑，山与泽平。(4)日方中方睨，物方生方死。(5)大同而与小同异，此之谓小同异；万物毕同毕异，此之谓大同异。(6)南方无穷而有穷。(7)今日适越而昔来。(8)连环可解也。(9)我知天下之中央，燕之北，越之南是也。(10)泛爱万

---

① Christoph Harbsmeier: *Logic and Language in Traditional China*, Cambridge University Press, 1998, p.292. 何莫邪原文：A client said to the King of Wei: “When Hui Shih talks about anything he is prone to use illustrative comparisons. If you forbid him illustrative comparisons he won't be able to speak.”

The King agreed. At the audience next day he said to Hui Shih: “When you speak about something I wish you would simply speak directly, without illustrative comparisons.”

“Let's suppose we have a man who does not know what a tan(弹) is”, Hui Shih said. “If he says ‘What are the characteristics of a tan like?’ and you answer ‘like a tan’, will it be conveyed to him?”

“It will not.”

“If you proceed to answer instead ‘A tan in its characteristics is like a bow, but with a string made of bamboo’, will he know?”

“It will be known.”

“It is inherent in explanation that by using something he does know to convey what he does not know one causes the other man to know. To give up illustrative comparisons as you are telling me to do is inadmissible.”

“Well said!”, said the King. 本段对话来源于《说苑·善说》：客谓梁王曰：“惠子之言事也，善譬。王使无譬，则不能言矣。”王曰：“诺。”明日见谓惠子曰：“愿先生言事，则直言耳，无譬也。”惠子曰：“今有人于此而不知弹者，曰：‘弹之状若何？’应曰：‘弹之状如弹。’则谕乎？”王曰：“未谕也。”“于是更应曰：‘弹之状如弓，而以竹为弦。’则知乎？”王曰：“可知矣。”惠子曰：“夫说者，固以其所知谕其所不知，而使人知之。今王曰‘无譬’，则不可矣。”王曰：“善。”

物，天地一体也。

一、十个命题是否为悖论？

关于惠施的这十个命题，海外学者争论的第一个问题是这十个命题究竟是不是悖论。关于这个问题，海外学者存在两种截然不同的观点，一种观点认为这十个命题不是悖论，另一种观点认为这十个命题是悖论。

雷丁(J. P. Reding)就持第一种观点，认为这十个命题不是悖论，在"Les fondements philosophiques de la rhétorique chez les sophistes grecs et chez les sophistes chinois"一文中，他提供了一个旨在表明它们根本不是科学悖论的详细的替代解释。[①]葛瑞汉则持第二种观点，他认为这十个命题是悖论：

> 尽管惠施的解释已不复存在，但整个说明就像芝诺的悖论一样，都证明了在没有矛盾的情况下划分空间和时间是不可能的。[②]

对于上述两种观点，何莫邪则认为：

> 不幸的是，我们所知道的只有惠施的定理和悖论，这些都保存在《庄子》的最后一章里。芝诺和惠施深刻的区别在于，芝诺有一个相当精确的严格的逻辑论证，及用于支持其观点的论文，而我们对惠施悖论的知识背景知之甚少，以至于人们显然会怀疑它们是科学悖论，就像雷丁所做的那样。[③]

二、十个命题的内涵

关于惠施的这十个命题，海外学者争论的第二个问题是这十个命题究竟指什么？对于论题1(至大无外，谓之大一；至小无内，谓之小一)，所罗门(1969)认为：

> "大一"一词在当代文献的其他地方重复出现，然而，它在这里的定

---

① Reding, J.P.: *Les fondements philosophiques de la rhétorique chez les sophistes grecs et chez les sophistes chinois*, Lang, Berne, Frankfurt & New York, 1985, pp.274—385.

② Graham, A. C: "On Seeing Things as Equal", *History of Religions*, 1970, p.140.

③ Harbsmeier, Christoph: *Logic and Language in Traditional China*, Cambridge University Press, 1998, p.293.

义与其他来源不一样。[①]

何莫邪则认为惠施的命题1，所关注的是“最大”和“最小”的概念，但何莫邪同时认为惠施所追求和实现的“无限”这一清晰的概念，远在他的知识视野之外。

对于命题2（无厚不可积也，其大千里）和命题3（天与地卑，山与泽平），何莫邪认为这两个命题是命题1的两个有机组成部分：

> 微观一，因为它里面什么都没有，所以没有维度，命题2自然而然地来自命题1的第一部分，假设有一个额外的假设，即大小的东西是由“微观一”组成的。同样，命题3可以被理解为遵循命题1的第二部分。[②]

命题4（日方中方睨，物方生方死），何莫邪认为似乎是指时间上被分割成不可分割的无限：“在惠施看来，这是他对无限大和无限小的定义的理论结果。”[③]

何莫邪认为人们可以在任何两个截然不同的事物之间建立差异，但这种差异被称为微观差异，而惠施为了诡辩的目的，所关注的是宏观差异。所以，何莫邪认为命题5（大同而与小同异，此之谓小同异；万物毕同毕异，此之谓大同异）的作用是“命题5对命题2和命题3进行了连贯的解释。”[④]

对于命题6（南方无穷而有穷），何莫邪尝试建立它背后的推理：

> 假设南方是取之不尽的，那么除了这个取之不尽用之不竭之外，就没有其他取之不尽用之不竭了。毕竟，无穷是有界限的，排除了它自身之外的其他无穷。[⑤]

关于如何解释这种推理，何莫邪认为我们很难把这种推理归因于中国古代的无限大理论。他认为：

---

① Solomon, Bernard S.: “The Assumptions of Hui－tzû”, *MS*, 1969(28), p.5.

②④ Harbsmeier, Christoph: *Logic and Language in Traditional China*, Cambridge University Press, 1998, p.294.

③ Harbsmeier, Christoph: *Logic and Language in Traditional China*, Cambridge University Press, 1998, p.297.

⑤ Harbsmeier, Christoph: *Logic and Language in Traditional China*, Cambridge University Press, 1998, p.296.

> 在无限的空间之外，还有我们不知道的更高阶的无限。也许正是这种思维方式，构成了惠施的悖论。[①]

关于论题7(今日适越而昔来)，何莫邪认为，假设我正好在今天和昨天相遇的那一刻"适越"。然后我今天会去"适越"，同样的东西昨天也会到达"适越"，这一切都取决于你将哪一天算作我越过边界的那一刻。"这一刻，就像死亡一样，属于双方。它既属于昨天，也属于今天。"[②]方克涛指出："何莫邪和葛瑞汉都提出用空间和时间的无限可分性来解释这个悖论。"[③]

命题8(连环可解也)，何莫邪指出我们没有关于这一悖论背后的推理的记录，但假设环被定义为圆形，那么完美的圆就是一个没有厚度的圆(一个没有内部尺寸的圆)。这样的两个圈子确实是可以分开的，因此，何莫邪认为："在空间的宏观层面上也存在悖论。"[④]

命题9(我知天下之中央，燕之北，越之南是也)，何莫邪认为通过这个悖论惠施是想传递这样一种信息："在他所定义的无限宇宙中，中心绝对无处不在，即使是在最'边缘'的地方。"[⑤]

这十个命题仅仅是一个松散的集合，还是它们旨在支持一个特定的结论？方克涛认为它们是一个有机的整体：

> 很明显，其中有几个可以从命题5关于相同和不同的相对性中得到遵循，因此，命题5可以被视为一个前提或指导原则，并可能成为主题。另一种可能性是，这十个命题的目的是在最后一个命题中达到高潮，这是唯一一个具有道德意义的命题，它不是相对论的。[⑥]

对于惠施的这十个命题，何莫邪认为在中国，正是对刚刚调查过的那些悖论的惊讶引发了合乎逻辑的猜测，希腊的情况也是如此。他认为惠施的十个命题是由惊奇引起的：

> 提奥奇尼斯·拉尔修(Diogenes Laertius，公元3世纪)，一位健谈的哲学历史学家，注意到哲学的辩证法部分来源于以悖论而闻名的埃利

①⑤ Harbsmeier, Christoph: *Logic and Language in Traditional China*, Cambridge University Press ,1998,p.296.

② Harbsmeier, Christoph: *Logic and Language in Traditional China*, Cambridge University Press ,1998,p.298.

③⑥ Fraser, Chris:"School of Names",见SEP。

④ Harbsmeier, Christoph: *Logic and Language in Traditional China*, Cambridge University Press ,1998,p.295.

亚人芝诺。在中国,和在希腊一样,人们对“辩”的兴趣是由发现悖论而激发的。①

第三节　海外学者与公孙龙的逻辑理论

公孙龙(公元前320年—前250年),字子秉,赵国邯郸(今河北邯郸)人。“名家”离坚白派的代表人物,“诡辩学”的祖师,名家代表人物之一。名家是活跃于战国中后期,提倡“正名实”学说的流派,即要“正彼此之是非,使名实相符”。其主要著作为《公孙龙子》,西汉时共有14篇,唐代时分为三卷,北宋时遗失了8篇,至今只残留6篇,共一卷。其中最重要的两篇是《白马论》和《坚白论》,提出了“白马非马”和“离坚白”等论点,认为对于“坚白石”,“视不得其所坚而得其所白者,无坚也”,“拊不得其所白而得其所坚者,无白也”,强调视觉与触觉的差异故“坚白石二”。又分析一般与个别的关系,强调“白马”(个别)与“马”(一般)的区别,得出“白马非马”的结论。

海外学者对公孙龙逻辑思想的研究主要集中在《白马论》的翻译、《公孙龙子》文本的考证、解读《白马论》的方法、解读《白马论》的内容、《白马论》与不可数名词假设、《白马论》与复数、《白马论》与“部分和整体”等问题的研究。

一、《白马论》的翻译

海外学者探讨的关于公孙龙逻辑理论的第一个问题,是《白马论》该如何翻译。

为了更好地进行表述,我们把公孙龙的《白马论》划分如下。

(1)“白马非马”,可乎? 曰:可。(1a)曰:何哉?

(2)曰:马者,所以命形也;(2a)白者,所以命色也。(2b)命色者非名形也。(2c)故曰:“白马非马”。

(3)曰:有白马不可谓无马也。(3a)不可谓无马者,非马也?(3b)有白马为有马,(3c)白之,非马何也?

(4)曰:求马,黄、黑马皆可致;(4a)求白马,黄、黑马不可致。(4b)使白马乃马也,是所求一也。(4c)所求一者,白者不异马也。(4d)所求不异,如

---

① Harbsmeier, Christoph: *Logic and Language in Traditional China*, Cambridge University Press, 1998, p.298.

黄、黑马有可有不可何也?(4e)可与不可,其相非明。(4f)如黄、黑马一也,而可以应有马,而不可以应有白马,(4g)是白马之非马,审矣!

(5)曰:以马之有色为非马,(5a)天下非有无色之马也。(5b)天下无马,可乎?

(6)曰:马固有色,故有白马。(6a)使马无色,有马如已耳,安取白马?(6b)故白者非马也。(6c)白马者,马与白也,(6d)白与马也,(6e)故曰白马非马也。

(7)曰:马未与白为马,(7a)白未与马为白。(7b)合马与白,复名白马。(7c)是相与以不相与为名,未可。(7d)故曰:白马非马未可。

(8)曰:以有白马为有马,(8a)谓有白马为有黄马,可乎?(8b)曰:未可。

(9)曰:以有马为异有黄马,(9a)是异黄马于马也;(9b)异黄马于马,(9c)是以黄马为非马。(9d)以黄马为非马,而以白马为有马,(9e)此飞者入池而棺椁异处,(9f)此天下之悖言乱辞也。

(10)曰:"有白马不可谓无马者",离白之谓也;(10a)不离者有白马不可谓有马也。(10b)故所以为有马者,独以马为有马耳,(10c)非以白马为有马。(10d)故其为有马也,不可以谓"马马"也。

(11)曰:白者不定所白,(11a)忘之而可也。(11b)白马者,言白定所白也。(11c)定所白者非白也。

(12)马者,无去取于色,(12a)故黄、黑皆所以应;(12b)白马者,有去取于色,(12c)黄、黑马皆所以色去,(12d)故唯白马独可以应耳。(12e)无去者非有去也,(12f)故曰白马非马。

对于《白马论》,海外学者的翻译各不相同,例如,对于"(4a)求白马,黄、黑马不可致。(4b)使白马乃马也,是所求一也。(4c)所求一者,白者不异马也。(4d)所求不异,如黄、黑马有可有不可何也?(4e)可与不可,其相非明。(4f)如黄、黑马一也,而可以应有马,而不可以应有白马,(4g)是白马之非马,审矣!"等语句的翻译,其中,对于(4a)的翻译,海外学者并不一致。

梅贻宝翻译为:But when a white horse is wanted, yellow and black ones may not be brought.[①]

博德翻译为:But when one requires a white horse, a yellow or black horse cannot be brought forward.[②]

---

① Mei Yi—pao: "The Kung—sun Lung—tzu," *Harvard Journal of Asiatic Studies*, 16, 1953, pp.404—437(421).

② Fung Yu—lan: *History of Chinese Philosophy, vol. 1, The Period of the Philosophers (from the beginnings to circa 100 B.C.)*, trans. by Derk Bodde, Princeton University Press, Princeton, NJ, 1952, p.204.

陈荣捷翻译为：Ask for a white horse, and neither the yellow horse nor the black one may answer.①

陈汉生翻译为：In seeking white-horse, yellow or black horse will not suffice.②

伯纳德•所罗门翻译为：[If] one is looking for a white horse, yellow or black horses cannot bepresented.③

对于(4b)到(4g)的翻译，海外学者也不一致。

梅贻宝翻译为：If a white horse be a horse, then what is wanted in the two instances would be the same. If what is wanted were the same, then a white horse would be no different from a horse. If what is wanted were not different, then is it that yellow and black horses are satisfactory in the one case but not in the other? What is satisfied and what is not satisfied evidently are not the same. Now the yellow and black horses remain the same, and yet they will answer the requirements of a horse, but will not answer the requirements of a white horse. Hence it should be clear that a white horse is not a horse.④

博德翻译为：... Therefore, yellow and black horses are each separate kinds, and can respond to the call for a horse, but not to the call for a white horse. Hence it results that a white horse is not a horse ...⑤

陈荣捷翻译为：If a white horse were a horse, then what is asked in both cases would be the same. If what is asked is the same, then a white horse would be no different from a horse. If what is asked is no different, then why is it that yellow and black horses may yet answer in the one case but not in the other? Clearly the two cases are incompatible. Now the yellow horse and the

① Chan Wing-tsit: *M Source Book in Chinese Philosophy*, Princeton University Press, Princeton, NJ, 1969, p.236.

② Hansen, Chad: *Language and Logic in Ancient China*, The University of Michigan press, 1983, p.168.

③ Solomon, Bernard S.: *On the School of Names in Ancient China*, Druckerei Franz Schmitt, Siegburg, 2013, p.99.

④ Mei Yi-pao: "The Kung-sun Lung-tzu," *Harvard Journal of Asiatic Studies*, 16, 1953, pp.404-437(421).

⑤ Fung Yu-lan: *History of Chinese Philosophy, vol. 1*, The Period of the Philosophers *(from the beginnings to circa 100 B.C.)*, trans. by Derk Bodde, Princeton University Press, Princeton, NJ, 1952, p.204.

black horse remain the same. And they answer to a horse but not to a white horse. Obviously a white horse is not a horse.①

陈汉生翻译为：If one makes white-horse horse this is to make what is sought identical. If what was sought was identical then white (stuff) would not be different from horse (stuff). If what is sought is not different then such as yellow and black are both admissible and not admissible——how can this be? Admissible and not admissible are clearly mutually incompatible. So yellow-or black-horse is one and it can correspond to having horse but it cannot correspond to having white horse. This is the explication of white-horse's being non-horse.②

伯纳德•所罗门翻译为：If "white horse" were nothing but "horse," this [would mean that] what are being sought (i.e, a white horse or a horse) are one [in kind]. The reason what are being sought (i.e., the material objects) wouldbe one [in kind] is that "white one" would not be different from horse. [If] what are being sought (i.e., a white horse or a horse) [therefore] are not different, how do we deal with yellow or black horses, which (in the one case) (i.e., when you are looking for a horse [4]) can [bepresented], and [in the other] (i.e., when you are looking for a white horse[4a]) cannot. It is clear that the possibility [in the one case (4)] and the impossibility [in the other (4a)] contradict each other. Therefore, it is the horse that is yellow or black (in "yellow horse" or "black horse") that is the same in both and that allows them (i.e., yellowor black horses) to respond to "having a horse" but not to "having a white horse" (which, it has been supposed, is tantamount to "having a horse"). This [makes] evident "white horses" not being "horse".③

对于(5)到(5b)海外学者的翻译如下。

梅贻宝翻译为：If a horse with color is considered no horse, then there will be no horses on earth, as there are no colorless horses on earth! Is this

---

① Chan Wing-tsit: *M Source Book in Chinese Philosophy*, Princeton University Press, Princeton, NJ, 1969, p.236.

② Hansen, Chad: *Language and Logic in Ancient China*, The University of Michigan press, 1983, pp.168-169.

③ Solomon, Bernard S.: *On the School of Names in Ancient China*, Druckerei Franz Schmitt, Siegburg, 2013, pp.99-100.

possible? [1]

陈荣捷翻译为：You consider a horse with color as not a horse. Since there is no horse in the world without color, is it all right [to say] that there is no horse in the world? [2]

陈汉生翻译为：If we take horse's having color as non-horse, since there is no colorless horse in the world, is it admissible that there is no horse in the world? [3]

伯纳德·所罗门翻译为：[If] one considers [the concept of] horse's having color as tantamount to not being [the concept of] horse, unless there are colorless horses in the world, would it be permissible [to say that] there are no horses in the world?"[4]

对于"[6b]故白马者非马也。[6c]白马者，马与白也，[6d]白与马也，[6e]故曰白马非马也。"的翻译，译者对其中每句话的翻译都有差异。

对于"[6b]故白马者非马也"，海外学者的翻译如下。

梅贻宝翻译为：But a white horse is not a horse.[5]

博德翻译为：Therefore, a white one is not a horse.[6]

陈荣捷翻译为：Therefore whiteness is different from horse.[7]

陈汉生翻译为：The white is not horse.[8]

伯纳德·所罗门翻译为：Therefore, [the concept of] white one (i.e., horse) is not [the conceptof] horse.[9]

对于"[6c]白马者，马与白也"，海外学者的翻译如下。

梅贻宝翻译为：A white horse is horse united with whiteness.[10]

---

①⑤⑩ Mei Yi-pao: The Kung-sun Lung-tzu, *Harvard Journal of Asiatic Studies*, 16, 1953, pp.404-437(422).

②⑦ Chan Wing-tsit: *M Source Book in Chinese Philosophy*, Princeton University Press, Princeton, NJ, 1969, p.236.

③⑧ Hansen, Chad: *Language and Logic in Ancient China*, The University of Michigan press, 1983, p.164.

④⑨ Solomon, Bernard S.: *On the School of Names in Ancient China*, Druckerei Franz Schmitt, Siegburg, 2013, p.100.

⑥ Fung Yu-lan: *History of Chinese Philosophy, vol. 1*, The *Period of the Philosophers (from the beginnings to circa 100 B. C.)*, trans. by Derk Bodde, Princeton University Princeton, NJ, Press, 1952, p.204.

博德翻译为:A white horse is "horse" together with "white".①

陈荣捷翻译为:A white horse means a horse combined with whiteness.②

陈汉生翻译为:White-horse is white and horse combined.③

伯纳德·所罗门翻译为:[The term] white horse is [the term] horse in conjunction with [the term] white.④

对于"[6d]马与白马也",海外学者的翻译如下。

梅贻宝翻译为:... or whiteness united with horse.⑤

博德翻译为:"Horse" with "white" is not "horse".⑥

陈荣捷翻译为:[Thus in one case it is] horse and [in the other it is] a white horse.⑦

陈汉生翻译为:Horse and white is horse.⑧

伯纳德·所罗门翻译为:"Horse" (i.e., the concept expressed in the term, which excludes reference to color) takes part in "white horse" (i.e., the concept ex-pressed in the term, which includes reference to color).⑨

对于"[6e]故曰:白马非马也",海外学者的翻译如下。

梅贻宝翻译为:Therefore it is said, a white horse is not a horse.⑩

博德翻译为:Therefore, I say that a white horse is not a horse.⑪

陈荣捷翻译为:Therefore we say that a white horse is not a horse.⑫

陈汉生翻译为:... therefore, I say white-horse is non-horse.⑬

伯纳德·所罗门翻译为:Therefore, I did say "[the concept of] white

---

①⑥⑪ Fung Yu-lan: *History of Chinese Philosophy, vol. 1, The Period of the Philosophers (from the beginnings to circa 100 B.C.)*, trans. by Derk Bodde, Princeton University Princeton, NJ,Press, 1952, p.204.

②⑤⑩ Mei Yi-pao: The Kung-sun Lung-tzu, *Harvard Journal of Asiatic Studies*, 16, 1953, pp.404-437(422).

③⑧⑬ Hansen, Chad: *Language and Logic in Ancient China*, The University of Michigan press, 1983, p.164.

④ Solomon, Bernard S.: *On the School of Names in Ancient China*, Druckerei Franz Schmitt, Siegburg,2013, p.100.

⑦ Chan Wing-tsit: *M Source Book in Chinese Philosophy*, Princeton University Press, Princeton, NJ,1969, p.236.

⑨ Solomon, Bernard S.: *On the School of Names in Ancient China*, Druckerei Franz Schmitt, Siegburg, 2013, p.101.

⑫ Chan Wing-tsit: *M Source Book in Chinese Philosophy.* Princeton University Press, Princeton, NJ,1969,p.236.

horse is not [the concept of] horse.[1]

对于(7)到(7d),海外学者的翻译如下。

梅贻宝翻译为:Horse not united with whiteness is horse; whiteness not united with horse is whiteness, as you say. But when horse and whiteness are united, the compound name white horse is applied, which means that they are united. It is not right to refer to them as though they were not united. Therefore it is not right to say that a white horse is not a horse.[2]

陈荣捷翻译为:[Since you say that] before the horse is combined with whiteness, it is simply a horse, before whiteness is combined with a horse it is simply whiteness, and when the horse and whiteness are combined they are collectively called a white horse, you are calling a combination by what is not a combination. This is incorrect. Therefore it is incorrect to say that a white horse is not a horse.[3]

陈汉生翻译为:If it is horse not yet combined with white which you deem horse, and white not yet combined with horse which you deem white, to compound the name "white-horse" for horse and white joined together is to give them when combined their names when uncombined, which is inadmissible. Therefore I say: it is inadmissible that white-horse is not horse.[4]

伯纳德•所罗门翻译为:Horse (i.e., the term), not yet in conjunction with white (i.e., the term), is "horse" (i.e., the concept). White (i.e., the term), not yet in conjunction with horse (i.e., the term), is "white"(i,e., the concept). Putting "horse" (i.e., the concept) and "white" (i.e., the concept) together and repeating the [separate] terms [for them] as white horse, this conjunction (i.e., of the concepts white and horse) takes as [its] name (i.e., the term white horse) what are not conjoined (i.e., the terms for the concepts "white" and "horse") and is not permissible. Therefore, I did say "[the concept of] white horse (reposing

---

① Solomon, Bernard S.: *On the School of Names in Ancient China*, Druckerei Franz Schmitt, Siegburg, 2013, p.101.

② Mei Yi-pao: "The Kung-sun Lung-tzu", *Harvard Journal of Asiatic Studies*, 16, 1953, pp.404-437(422).

③ Chan Wing-tsit: *M Source Book in Chinese Philosophy*. Princeton University Press, Princeton, NJ, 1969, p.236.

④ Hansen, Chad: *Language and Logic in Ancient China*, The University of Michigan press, 1983, p.165.

in the term white horse) is not [the concept] of horse (reposing in the term horse).[①]

对于(10)到(10c),海外学者的翻译如下。

梅贻宝翻译为:It cannot be said that having a white horse is having no horse, and this on the basis of separating whiteness. Even if it is not separated, still a white horse cannot be said to be no horse. The reason for holding that it is a horse is simply because a horse is always a horse, and not because a white horse is another kind of horse.[②]

陈荣捷翻译为:[When we say that] a white horse cannot be said to be not a horse, we are separating the whiteness from the horse. If [the whiteness] is not separated from [the horse], then there would be a white horse and we should not say that there is [just] a horse.[③]

陈汉生翻译为:Even those who hold that white is separable [i.e., like ox-horse in combinations] say "having white horse" is "having horse" [since having the sum is having the parts]. If you do not separate white, you say that "having white horse" cannot be called "having horse".[④]

伯纳德·所罗门翻译为:The meaning of [the statement that] "having a white horse" cannot mean "not having a horse" is one in which "white" is detached.In the case where one does not detach it, "having a white horse" cannot mean [merely] "to have a horse.Thus, the reason ["having a white horse"] is taken to be "having a horse" is simply that one takes the "horse" [in "having a white horse"] to be [the "horse" in] "having a horse"and not [that one takes] "having a white horse" [merely] to be "having a horse.[⑤]

对于(11)到(11b),海外学者的翻译如下。

梅贻宝翻译为:The whiteness that does not fix itself upon any object

---

① Solomon, Bernard S.: *On the School of Names in Ancient China*, Druckerei Franz Schmitt, Siegburg, 2013,p.101.

② Mei Yi—pao: " The Kung—sun Lung—tzu" , *Harvard Journal of Asiatic Studies*, 16, 1953,pp.404—437(423).

③ Chan Wing—tsit: *M Source Book in Chinese Philosophy*, Princeton University Press, Princeton, NJ, 1969,p.237.

④ Hansen, Chad: *Language and Logic in Ancient China*, The University of Michigan press, 1983,p.167.

⑤ Solomon, Bernard S.: *On the School of Names in Ancient China*, Druckerei Franz Schmitt, Siegburg, 2013,p.102.

may simply be overlooked. But in speaking of the white horse, we refer to a whiteness that is fixed upon its object.①

博德翻译为：The word "white" does not specify what is white. We may disregard this last and it is all right. But the words "white horse" specify of the white what it is that is white.②

陈荣捷翻译为：It is all right to ignore the whiteness that is not fixed on any object. But in speaking of the white horse, we are talking about the whiteness that is fixed on the object.③

陈汉生翻译为："White" does not fix anything as white; that may be left out of account. "White-horse" says "white" fixes something as white.④

伯纳德·所罗门翻译为：[The "white" reposing in the term] "white" is not fixed in what is regarded as white, and may [therefore] be ignored (i.e., in the case under discussion). [The "white" reposing in the term] "white horse" speaks of a [species of] white fixed in what is regarded as white.⑤

对于(12)到(12f)，海外学者的观点是不相同的，他们的翻译如下。

梅贻宝翻译为：The term "horse" does not involve any choice of color. Therefore yellow and black ones all will answer the requirements. The term "white horse" does involve the choice of color. Yellow and black ones are all rejected owing to their color. White horses alone will do. That which does not exclude any color is not the same as that which excludes certain colors. Therefore, it is said "a white horse is not a horse." ⑥

博德翻译为：The word "horse" neither excludes nor includes any color. Therefore, yellow and black ones may all respond to it. But the words "white horse" exclude and include color, and yellow and black horses are all excluded

---

①⑥ Mei Yi-pao: " The Kung-sun Lung-tzu", *Harvard Journal of Asiatic Studies*, 16, 1953, pp.404-437(423).

② Fung Yu-lan: *History of Chinese Philosophy, vol. 1, The Period of the Philosophers (from the beginnings to circa 100 B. C.)*, trans. by Derk Bodde, Princeton University Press, Princeton, NJ, 1952, p.204.

③ Chan Wing-tsit: *M Source Book in Chinese Philosophy*, Princeton University Press, Princeton, NJ, 1969, p.237.

④ Hansen, Chad: *Language and Logic in Ancient China*, The University of Michigan press, 1983, p.165.

⑤ Solomon, Bernard S.: *On the School of Names in Ancient China*, Druckerei Franz Schmitt, Siegburg, 2013, p.102.

owing to their color. Therefore, it is only "white horse" that will correspond. That in which nothing is excluded is not that in which something is excluded. Therefore, I say a white horse is not a horse.①

陈荣捷翻译为:The term "horse" does not involve any choice of color and therefore either a yellow horse or a black one may answer. But the term "white horse" does involve a choice of color. Both the yellow horse and the black one are excluded because of their color. Only a white horse may answer. What does not exelude [color] is not the same as what excludes [color]. Therefore we say that a white horse is not a horse.②

陈汉生翻译为:"Horse" neither selects nor excludes any colors and, therefore, it can be answered with either yellow or black. "White-horse" selects some color and excludes others, and the yellow and black are both excluded on the grounds of color; one may answer it only with white-horse. What excludes none is not what excludes some. Therefore I say: white-horse is not horse.③

伯纳德·所罗门翻译为:[The concept of horse reposing in the term] "horse" does not forego color nor make a choice with respect to it.For this reason, yellow and black [horses] both respond [to the call for a ma (i.e., horse)].[The concept of white horse reposing in the term] "white horse" [on the one hand] foregoes [some] colors and [on the other] makes a choice with respect to [one] color.[For this reason,] yellow and black horses are both rejected on the grounds of color. Therefore, white horses alone can respond [to the call for a whitehorse].What does not reject (i.e., the concept of horse reposing in the term horse) is not what does reject (i.e., the concept of white horse reposing in the term white horse). Therefore, I did say "[the concept of white horse reposing in the term] white

---

① Fung Yu—lan: *History of Chinese Philosophy, vol. 1, The Period of the Philosophers (from the beginnings to circa 100 B. C.)*, trans. by Derk Bodde, Princeton University Press, Princeton, NJ, 1952, p.204.

② Chan Wing—tsit: *M Source Book in Chinese Philosophy*, Princeton University Press, Princeton, NJ, 1969, p.237.

③ Hansen, Chad: *Language and Logic in Ancient China*, The University of Michigan press, 1983, p.165.

horse is not [the concept of horse reposing in the term] horse."①

葛瑞汉对《白马论》的整体翻译是基于文本的重新编排，我们可以参照他的文本和翻译。②

二、《公孙龙子》文本的考证

关于公孙龙的逻辑理论，海外学者关注的第二个问题是公孙龙的著作究竟有哪些？或者哪些是公孙龙的著作，哪些不是？这对于擅长文本分析的海外学者来说是极其重要的，因此，这个问题引发海外学者的关注是很自然的。对此，何莫邪认为：

> 在《公孙龙子》一书中，只有两章是智者公孙龙写的：《指物论》和《白马论》。这篇《指物论》文章可能是至关重要的，但却产生了许多截然不同的解释，而这些解释有一个显著的共同点：它们基本上无法让其他人信服这篇文章。③

研究《公孙龙子》的海外学者葛瑞汉则认为：

> 对《指物论》有更多相互对立的解释，比中国早期哲学的任何其他文献都要多。④

对此，何莫邪的态度是：

> 在这一点上，我并不想增加另一种解释。相反，我建议转向白马对话，我相信我们可以对它有一些信心，尽管对这个对话的解释，也不是没有争议的。⑤

三、解读《白马论》的方法

海外学者关注公孙龙逻辑思想的第三个问题是《白马论》文本，他们认

---

① Solomon, Bernard S.: *On the School of Names in Ancient China*, Druckerei Franz Schmitt, Siegburg, 2013, p.103.

② Graham, A. C.: *Studies in Chinese Philosophy and Philosophical Literature*, State University of New York Press, Albany, 1990, p.129.

③⑤ Harbsmeier, Christoph: *Logic and Language in Traditional China*, Cambridge University Press, 1998, p.299.

④ Graham, A. C.: *Studies in Chinese Philosophy and Philosophical Literature*, Institute of East Asian Philosophies Occasional Paper and Monograph Series, no. 3, Singapore, 1986a, p.210.

为《白马论》是我们了解公孙龙思想最重要的根据，人们面临的第一个问题是文本性质。对此，何莫邪指出：

> 最近对《白马论》的解读有一个共同之处，那就是他们不是按照我们的理解来解读文本，而是在葛瑞汉(1965)巧妙地重新构建的版本中，其中包括几个主要的转换。①

中国学者一般都试图在没有这样大的文本手术的情况下理解公认文本。人们很想遵循当前的西方实践，将文本解释为葛瑞汉重新排列的文本，但是，何莫邪提出另外一种解读文本的方法。他强调：

> 我将渴望对对话提出一种合理的解释，以抵制重新排列文本的诱惑。②

葛瑞汉对此评论道：

> 现在还没有人提议把对话解读为一个连贯的论证，而不是把它变成一个不太可能的粗谬论和微妙逻辑的混杂，这样说并不自以为是。③

四、解读《白马论》的内容

海外学者关注公孙龙逻辑思想的第四个问题是《白马论》的社会历史背景及内容。最早的时候，《白马论》被认为只是一种滑稽的诡辩。对于这个问题，何莫邪认为“对话就是这两件事”④，他认为：

> 公孙龙对逻辑问题并不一定像他们那样认真地感兴趣，尽管他喜欢用逻辑来证明不可能的结论。⑤

对于公孙龙的“白马非马”是关于“白马”与“马”之间的区别论证，何莫邪认为：“白马”和“马”的不同之处在于，“白马”包含白加马，而“马”不包含

---

①② Harbsmeier, Christoph: *Logic and Language in Traditional China*, Cambridge University Press ,1998,p.299.

③ Graham, A. C.: , *Studies in Chinese Philosophy and Philosophical Literature*, Institute of East Asian Philosophies Occasional Paper and Monograph Series, no.3, Singapore, 1986a, p.193.

④ Harbsmeier, Christoph: *Logic and Language in Traditional China*, Cambridge University Press ,1998,p.300.

⑤ Harbsmeier, Christoph: *Logic and Language in Traditional China*, Cambridge University Press ,1998,p.301.

这两个概念的结合：

> 公孙龙的“白马非马”听起来明显不真实，就像芝诺挑衅性的声称“飞箭不动”一样。公孙龙和芝诺一样，因为能够对一个极其不合情理的说法给出合理的解释而出名。通过展示微不足道的事实，公孙龙可以设法证明一个极其不真实的句子，一个悖论，是真实的。①

关于“白马非马”争辩，很多人认为是诡辩，有人认为是悖论，何莫邪提出质疑：

> 在这里很明显的是，用常识的方法把“白马非马”理解为“白马不属于马”，这显然不是公孙龙想要的。可见，公孙龙是为一个听起来明显不真实的句子辩护。②

因此，何莫邪指出：

> 公孙龙的“白马非马”可能是被撰写此书的人误解了，被那些在序言中引用的人误解了，被《公孙龙子》所依据的来源误解了，然而我没有发现有力的证据表明在对话或其他早期资料中存在这样的误解。③

《白马论》的确是中国思想史上讨论最广泛的文献之一，逻辑学家奎因认为，在某种程度上，我们可以把不同的、相互矛盾的思维结构归因于他人，而不必冒着被他们讲话中的任何证据驳倒的风险。奎因以假设的“本土”词汇“兔子”(gavagai)为例，表明在不被反驳的情况下，人们可以给一个民族一个概念，而不是一个持久的实体。因此，奎因指出：

> 另一种同样兼容旧刺激意义(单词“gavagai”)的替代方法是将“兔子”(gavagai)作为单一术语，来命名古德曼意义上的所有兔子的融合：即由兔子组成的时空世界中单一但不连续的部分。因此，即使是一般术语和单数术语之间的区别也与刺激的意义无关。④

---

①③ Harbsmeier, Christoph: *Logic and Language in Traditional China*, Cambridge University Press ,1998,p.303.

② Harbsmeier, Christoph: *Logic and Language in Traditional China*, Cambridge University Press ,1998,p.304.

④ Quine, W. V. O.: *Word and Object*, MIT Press, Cambridge, Mass. (1St ed. Ig6o), 1969,p.52.

当然，我们可以看到，陈汉生将奎因重建的时空融合的概念归因于古代中国人，但不可否认的是，中国人说的不是兔子，而是马：

> 然后问题是，“马”的名字是什么？有一个很自然的答案：一组纯粹的马。因此，“马的东西”是一个分散在时空中的物体（物质或物质类）……因此，中国的语言理论倾向于把形容词视为表示大量实质的术语，例如，红色是日落时覆盖在苹果和天空上的东西。[①]

由散布在空间和时间中的苹果和日落天空组成的“分体集合”的想法可能是一种形式上和物理上可行的构造，因为伟大的数学家斯坦尼斯拉夫·莱斯涅夫斯基（Stanislaw Lesniewski）发展了他非常抽象和复杂的分体学理论（从而引入和定义了技术术语，陈汉生使用的“分体集”），并且爱因斯坦能够建立空间和时间之间的关系。然而，何莫邪却说：

> 我在中国传统文学中没有发现任何一点暗示古代中国人曾经想过像莱斯涅夫斯基的分体学这样的东西，或者苹果和夜空是散布在时空中的一个物体。无论如何，陈汉生没有提供任何必要的详细文献学证据来证明中国人确实是这样思考的。[②]

葛瑞汉提出与陈汉生不同的观点：

> 陈汉生在他的《古代中国的语言与逻辑》一书中开创了诠释“白马”的第一个全新方法。这是对他的假设的一个应用，即古典汉语名词的功能类似于大量名词，而不是印欧语言的可数名词。[③]
>
> 我们从陈汉生的一个重要见解开始，即对大量名词的思考是从整体和部分的角度出发的，对我们来说，阶级和成员只是一种变体。[④]

---

① Hansen, Chad: *Language and Logic in Ancient China*, University of Michigan Press, Ann Arbor, 1983, p.35.

② Harbsmeier, Christoph: *Logic and Language in Traditional China*, Cambridge University Press, 1998, p.312.

③ Graham, A. C.: *Studies in Chinese Philosophy and Philosophical Literature*, Institute of East Asian Philosophies Occasional Paper and Monograph Series, no. 3, Singapore, 1986a, p.196.

④ Graham, A. C.: *Studies in Chinese Philosophy and Philosophical Literature*, Institute of East Asian Philosophies Occasional Paper and Monograph Series, no. 3, Singapore, 1986a, p.199.

葛瑞汉明确地以大量名词假设作为他对白马对话的新解释的出发点。但尽管如此，葛瑞汉还是明智地避免了将纯粹论集合的概念归因于古代中国，他写道：

> 但是，如果他（即公孙龙）认为马是形状相似的不连续部分，而白色是不连续的色块，那么对他来说，白马确实是前者的一部分与后者的一部分组合起来的。①

我们看到，与陈汉生的分体解释相对抗，葛瑞汉从"部分—整体"的关系解释"白马非马"。鉴于葛瑞汉的概念对"分体集"（mereological set）和"对象"概念的沉默，我们或许可以尽量避免将散布在时空中的单个对象的概念归于公孙龙，而仍然保留部分的本质——葛瑞汉如此雄辩地论证的整个解释。何莫邪认为：

> 也许我们可以采取更简单的路线，公孙龙将"白色"等术语视为不可数术语，而因此不会错误地设想一个物体由过去、现在和将来分散的白色斑块或马匹组成穿越时空形成一个整体。②

五、《白马论》与不可数名词假设问题

海外学者关注公孙龙逻辑思想的第五个问题是《白马论》中的不可数名词（物质名词）假设问题。何莫邪在分析了奎因、陈汉生、葛瑞汉等人对"白马非马"的解读后，提出了一种所谓的"不可数名词假设"。我们知道，"信息"在法语、德语、丹麦语、挪威语、俄语和许多其他语言中是一个计数名词，但在英语中却不是。被大多数语言称为"可数名词"的，在某些语言中可能被称为"不可数名词"。例如，英语中的"证据"现在已经不是一个可数名词了，在某一特定语言中，非可数名词在该语言的早期阶段很可能已经成为可数名词。那么什么是"不可数名词假设"？

> 如果文言文是这样一种语言，那么我们应该读文言文"一人"是"人类中的一个"，或者"三马"是"马类中的三个"，即使在"三"和"马"之间

---

① Graham, A. C.: *Studies in Chinese Philosophy and Philosophical Literature*, Institute of East Asian Philosophies Occasional Paper and Monograph Series, no. 3, Singapore, 1986a, p.197.

② Harbsmeier, Christoph: *Logic and Language in Traditional China*, Cambridge University Press, 1998, p.312.

> 没有量词(比如“匹”)。因此,我们可以把“人”和“马”当作与“食”“水”相同的不可数名词。我们把这样一个关于古代汉语名词的假设称为“不可数名词假设”,并且我们注意到这个“不可数名词假设”没有涉及莱希涅夫斯基所说的纯粹的高级数学概念。①

尽管葛瑞汉认为“马”应该被解释为一个“不可数名词术语”,他没有问“马”在句法上是否与普通名词“水”或“牲”等其他常见名词不同,更不用说专有名词“仲尼”和代名词“此”。在普通名词中,古典汉语中可数名词、类名词和不可数名词之间的语法区别问题,在我们有权决定“马”是否是不可数名词之前,当然需要特别注意。

对于可数名词问题,何莫邪指出:

> 可数名词不仅可以用“多”“少”来量化,还可以用“数”“各”“兼”“每”来量化。不可数名词从来不会用“数”“各”“兼”“每”来量化,当他们用普通的数字来计数时,计数的语义是完全不同的。②

对于一般名词问题,何莫邪对比了以下几组文言文语词:

> (1)“鸟”(可数名词)与“畜”(一般名词)。
> (2)“王”(可数名词)与“牲”(一般名词)。
> (3)“人”(可数名词)与“民”(一般名词)。③

对于可数名词和一般名词的不同,何莫邪解释说:

> 与可数名词不同,一般名词从未被“数”修饰,不像不可数名词、普通名词,可数名词可以被“群”“诸”“众”“万”“百”等修饰。我们有“众民”“数民”“万民”“兆民”。一般名词从不用量词计数,如用容器量词(“一杯水”)计数不可数名词,或用逐项量词计数可数名词(“马三匹”)。因此,它们本身就构成了名词的一个适当的子范畴。④

对于不可数名词(Mass nouns)问题,何莫邪又比较了以下两组文言文语词:

---

①② Harbsmeier, Christoph: *Logic and Language in Traditional China*, Cambridge University Press, 1998, p.313.

③④ Harbsmeier, Christoph: *Logic and Language in Traditional China*, Cambridge University Press, 1998, p.316.

(1)“箪”(可数名词)与“肉”(不可数名词)。

(2)“树”(可数名词)与“薪”(不可数名词)。

(3)“斧”(可数名词)与“铁”(不可数名词)。①

何莫邪在中国古代文献中,发现了很多不可数名词,比如水,发现了诸如容器命名的容器分类词:“一杯水”“一瓢饮”“一箪食”“一筐锦”“一车薪”“一鼓铁”“十束薪”“一秉秆”等。但是,何莫邪也提出:

> 我认为应该可以说“一车人”,但出于某种原因,没能找到这样的好例子。在这种情况下,我会倾向于坚持这个语法框架,将可数名词转换成不可数名词,就像一个否定词“毋”把代词“我”转换成动词“毋我”。尽管有这样的例子,但把“我”看作是在某些特殊情况下具有言语功能的代词仍然是有用和重要的。②

何莫邪也发现不可数名词前面有些有明确的数字,如“尝一脟肉,而知一镬之味,一鼎之调”(《吕氏春秋·察今》)。还有一些不可数名词频繁出现固定的数字,最知名的“五谷”“三酒”“四饮”“五肉”“五毒”“五气”“六气”等。何莫邪也认识到,用“气”说明不可数名词分析的有效性是正确的,但因为“气”鲜明地和可数名词“马”相反,不是一个可数名词。“气”的确切分类仍是一个有待研究的问题。对于“马”的性质,何莫邪指出:

> 文言文中可数名词、种类名词和不可数名词有相当明显的语法区别。“马”在何种意义上被命名为不可数名词(象“食”)是完全不清晰的。③

六、《白马论》与复数

海外学者关注公孙龙逻辑思想的第六个问题是复数的问题。在中国古代文献中的名词复数形式主要有两种:一种是在名词前面加数量,如“三匹马”;一种是在名词后面加后缀,如“门生辈”。何莫邪认为:

> 汉语复数词素(或后缀)的后古典兴起大致与像“三匹马”这样的前

---

①② Harbsmeier, Christoph: *Logic and Language in Traditional China*, Cambridge University Press, 1998, p.318.

③ Harbsmeier, Christoph: *Logic and Language in Traditional China*, Cambridge University Press, 1998, p.319.

名词性分类词的出现一致。[①]

《世说新语》中出现了很多名词复数第二种情况，如“门生辈”“小儿辈”：

王子敬数岁时，尝看诸门生樗蒲。见有胜负，因曰：“南风不竞。”门生辈轻其小儿，乃曰：“此郎亦管中窥豹，时见一斑。”子敬瞋目曰：“远惭荀奉倩，近愧刘真长！”遂拂衣而去。（《世说新语·方正》）

谢公与人围棋，俄而谢玄淮上信至。看书竟，默然无言，徐向局。客问淮上利害。答曰：“小儿辈大破贼。”意色举止，不异于常。（《世说新语·雅量》）

针对上述文献中的复数形式，何莫邪认为：

对于如此修饰名词的不可数名词分析，这种复数后缀的使用似乎不舒服。因为如果“门生”作为一个不可数名词意味着“student- kind”，它的复数形式“门生辈”应该是指“student-kinds”。[②]

七、《白马论》与“部分和整体”

海外学者关注公孙龙逻辑思想的第七个问题是部分和整体的问题。何莫邪认为“马”概念的部分——整体解释似乎是注定要失败的，因为它必须介绍一个不合时宜的数学构造（一个时空不连续的对象的概念，马匹），或者因为没有整体，因此没有马的部分：

因为如果没有整体的概念，部分的概念似乎就没有意义。部分的本质就是成为整体的部分。[③]

如何区分整体和部分？何莫邪认为把我们的观点和英语作一下比较就可以明白了。他举了一个例子，即比较一下不可数名词“行李”和不可数名词“茶”：

当我们使用不可数名词“行李”时，我们并没有以任何方式明确或含蓄地认同某个“巨大行李”的本体论，即一个由过去、现在和未来的各

① Harbsmeier, Christoph: *Logic and Language in Traditional China*, Cambridge University Press ,1998,p.319.

②③ Harbsmeier, Christoph: *Logic and Language in Traditional China*, Cambridge University Press ,1998,p.320.

种形式的行李组成的整体。[①]

如果一个人说“请给我泡杯茶”(中文或英文),他所说的是什么呢? 何莫邪认为:

他所从事的并不是一种本体,而是一种分散在时间和空间的不连续的茶水,他希望从中得到某一部分。一杯茶只能适当地被称为茶壶中大量部分的茶。[②]

另一方面,何莫邪认为如果我们完全放弃一个马的整体的概念和马的部分的概念,只抓中心思想,那么就会出现如下的情况:

中国人总是把马看作是一种“物类”(stuff kind,大概是指植被而不是植物,是指后代而不是孩子),所以这样的说法直接驳斥了上述初步调查的可数名词、范畴名词和不可数名词的简明语法对比。这表明中国人在各种事物的名称、各种物体的名称和单个物体的名称之间确实有相当明显的语法区别。种类名词和不可数名词表明,汉语在物质的种类名称、物体的种类名称和单个物体的名称之间确实有相当明显的语法差异。[③]

有人认为,在文言文中,所有不可数名词和其他名词之间的区别并不总是很清楚,有许多模棱两可的情况。而在英语中,可数名词和不可数名词的区分被认为是语法基础。

夸克(Quirk)在下面对话中的用法比较“分析”的作用:

“你喜欢这个分析吗?”
“不,我不喜欢分析。”[④]

在何莫邪看来这一切都不会直接影响到把“白马”作为一个整体来解读的可能性,他认为这是龙公孙明确主张的:

“白”和“马”的总和被公孙龙认为不是“马”。如果我们把葛瑞汉的

---

①②③ Harbsmeier, Christoph: *Logic and Language in Traditional China*, Cambridge University Press, 1998, p.320.

④ Quirk R et al.: *A Comprehensive Grammar of the English Language*, Longman, London, 1985, p.47.

解释从他所支持的站不住脚的不可数名词假设中分离出来，我们仍然可以把总的整体“白马”与它的组成部分“马”不相同的观点归因于公孙龙。关键的一点是：“白”和“马”是不同类型的组成部分，它们之间的关系绝不是对称的。①

第四节　海外学者与荀子的逻辑理论

荀子（约公元前313年—前238年），名况，字卿（一说时人相尊而号为卿），战国末期赵国人，著名的思想家、哲学家、教育家，儒家学派的代表人物，先秦时代百家争鸣的集大成者。荀子批判地接受并创造性地发展了儒家正统的思想和理论，主张“礼法并施”；提出“制天命而用之”的人定胜天的思想；反对鬼神迷信；提出性恶论，重视习俗和教育对人的影响，并强调学以致用。其思想集中反映在《荀子》一书中。荀子还整理、传承了《诗经》《尚书》《礼》《乐》《易》《春秋》等儒家典籍，为传播保存儒家思想文化作出巨大贡献。

荀子非常重视“名”的研究，他认为语言习俗是一种历史现象，是一种社会制度。正确的名字管理会导致“规范的话语”，每个人通过言语和行动，都能清楚地表达自己的思想。因此，荀子提出“名”的一般性质和作用、“制名”的认识论基础、“制名”的基本原则和方法以及对“三惑”的批判。海外学者对荀子的研究主要集中在以下几个方面。

一、“制名”的目的

何莫邪认为，荀子明确指出了他研究“名”的三个主要方向：“然则所为有名，与所缘以同异，与制名之枢要，不可不察也。”（《荀子·正名》）何莫邪解释为：

> 因此，制名的目的、我们对待事物不同或相同的原因，以及名称管理的要点，必须适当地调查。②

---

① Harbsmeier, Christoph: *Logic and Language in Traditional China*, Cambridge University Press, 1998, p.321.

② Harbsmeier, Christoph: *Logic and Language in Traditional China*, Cambridge University Press, 1998, p.322.

荀子“制名”的目的：“故知者为之分别制名以指实，上以明贵贱，下以辨同异。贵贱明，同异别，如是则志无不喻之患，事无困废之祸，此所为有名也。”(《荀子·正名》)何莫邪认为：

> 荀子制名的目的是实际的，而不是理论上的。①

荀子已经注意到汉语是一种通用语言，它是标准化的语言，使不同地区之间的交流成为可能。何莫邪认为，荀子对语言和逻辑并不是特别感兴趣：

> 荀子对语言(和逻辑)的兴趣主要是社会的：他认为通过“制名”，统治者可以确保名字是固定的，并区分现实(相应的)。因此，制名的目的是使人民团结起来，建立适当的组织。通过名字来整理事实是辅助的。②

二、“制名”的认识论基础

荀子论述了“制名”的认识论基础：“缘天官。凡同类同情者，其天官之意物也同。故比方之疑似而通，是以共其约名以相期也。形体、色、理，以目异；声音清浊、调竽奇声，以耳异；甘、苦、咸、淡、辛、酸、奇味，以口异；香、臭、芬、郁、腥、臊、洒、酸、奇臭，以鼻异；疾、养、沧、热、滑、铍、轻、重，以形体异；说、故、喜、怒、哀、乐、爱、恶、欲，以心异。”(《荀子·正名》)在何莫邪看来：

> 如果我们要区分事物并进行交流，就需要一个共同的人类内部表征结构。③

正如荀子所言：“心有征知。征知，则缘耳而知声可也，缘目而知形可也，然而征知必将待天官之当簿其类然后可也。五官簿之而不知，心征之而无说，则人莫不然谓之不知。此所缘而以同异也。”(《荀子·正名》)何莫邪指出：

> 心灵相对于感官，有辨别知识的能力。④

为什么会有不同的“名”？荀子分析了如何通过认识事物的同异而形成

---

①②③ Harbsmeier, Christoph: *Logic and Language in Traditional China*, Cambridge University Press ,1998,p.322.

④ Harbsmeier,Christoph: *Logic and Language in Traditional China*, Cambridge University Press ,1998,p.323.

不同的名的过程,即"所缘以同异",这涉及荀子"制名"的客观基础及认识论上的根据。对此,保罗(Paul R. Goldin)提出:

> 我们依靠我们的感官来感知我们周围的世界,这是荀子的一个重要主张,因为其他哲学家已经提出,现实是不能直接辨别的;相反,一个人对现实的片面看法必然会影响他对现实的看法。①

三、"制名"的原则

对于荀子的制名原则:"同则同之,异则异之。单足以喻则单,单不足以喻则兼,单与兼无所相避,则共。"(《荀子·正名》)何莫邪认为:

> 荀子阐述了一个经济原则:只有在需要理解时才使用复杂的名称。②

荀子接着阐释:"名无固宜,约之以命,约定俗成谓之宜,异于约则谓之不宜。名无固实,约之以命实,约定俗成,谓之实名。名有固善,径易而不拂,谓之善名。"(《荀子·正名》)"物有同状而异所者,有异状而同所者,可别也。状同而为异所者,虽可合,谓之二实。状变而实无别而为异者,谓之化。有化而无别,谓之一实。此事之所以稽实定数也。"(《荀子·正名》)。何莫邪对此制名原则的评价为:

> 荀子的名不是固有的,而是通过约定形成的,并且遵循了"稽实定数"的制名原则。③

葛瑞汉指出,"荀子对于名的论述在很大程度上要归功于后墨家的逻辑理论"④,同时,何莫邪也强调:

> 荀子的《正名》是迄今为止中国古代关于命名的讨论中最严谨、条理最清晰、组织最严密的一篇。当我们介绍荀子对命名的看法时,我们

---

① Paul R. Goldin:"Xun Zi",见SEP。

② Harbsmeier,Christoph: *Logic and Language in Traditional China*, Cambridge University Press ,1998,p.323.

③ Harbsmeier,Christoph: *Logic and Language in Traditional China*, Cambridge University Press ,1998,pp.323—324.

④ Graham, A. C.: *Later MohistLogic, Ethics and Science*, The Chinese University Press and the School of Oriental & African Studies, London & Hong Kong, 1978,p.39.

可以简单地跟随《正名》的开篇段落，随着它们展开。我们不必把我们自己不相干的组织强加于文本。荀子的组织原则非常明确。他的讲话几乎是“亚里士多德式的”清晰解释。[①]

四、荀子对“三惑”的批判

荀子提出的“三惑”：“用名以乱名”，“用实以乱名”，“用名以乱实”。保罗认为，“诡辩家的悖论不能作为道德治理的基础，因此即使它们事实上不是错误的，也是令人反感的；它们是‘毫无用处的争端’”[②]。

何莫邪对三种诡辩进行了详细的论证。

关于第一个诡辩：“见侮不辱”，“圣人不爱己”，“杀盗非杀人也”。“此惑于用名以乱名者也。验之所为有名，而观其孰行，则能禁之矣。”（《荀子·正名》）何莫邪指出：

> 荀子认为，这类诡辩可以通过应用他在回答第一个问题时提出的原则来解决：有名字的目的是什么？例如，通过分辨你问“杀盗”和“杀人”这个名称的目的，来决定“杀盗非杀人”是否可以接受。[③]

关于第二个诡辩：“山渊平”，“情欲寡”，“刍豢不加甘，大钟不加乐”。“此惑于用实以乱名者也。验之所缘以同异，而观其孰调，则能禁之矣。”（《荀子·正名》）何莫邪认为：

> 荀子认为，第二种诡辩可以通过参考他在回答第二个问题时提出的原则来阻止：一个人如何识别相似性和差异性？例如，一个人将自己的感官运用到这些物体上，并根据自己的感官印象来决定事物，从而决定山和渊是否在同一水平上。

关于第三个诡辩：“非而谒楹”，“有牛马非马也”。“此惑于用名以乱实者也。验之名约，以其所受，悖其所辞，则能禁之矣。”（《荀子·正名》）何莫邪认为第三种诡辩最难理解。他说：荀子认为，这第三种诡辩可以通过参考规范词语使用的惯例来防止，就像在他的第三部分所讨论的那样。葛瑞汉通过

---

① Harbsmeier, Christoph: *Logic and Language in Traditional China*, Cambridge University Press ,1998,p.326.

② Goldin, Paul R.,“Xun Zi”,见SEP。

③ Harbsmeier, Christoph: *Logic and Language in Traditional China*, Cambridge University Press ,1998,p.324.

举例进行了详细说明:

> 例如,如果你是Bill,但是你介绍自己是另一个人John,那么使用"Bill"和"John"的约定就违反了制名原则。这是一个事实错误。你是Bill,不是John。你所说的实际上不真实。[①]

关于荀子对"三惑"的批判,保罗从另一个角度提出了自己的看法:

> 在《正名》中,荀子还讨论了他那个时代盛行的诡辩悖论(最著名的是"白马非马"),把它们分为三类。他的结论揭示了他的主要目的不是对谬误悖论进行恰当的分类,而是对语言的道德目的的断言。[②]

第五节　海外学者与后期墨家的逻辑理论

墨家的逻辑学是指以墨子书中《经上》《经下》《经说上》《经说下》《大取》《小取》六篇中的逻辑资料为主要依据的后期墨家逻辑学说。《经上》《经下》《经说上》《经说下》本以"经"名篇,被称为"墨经",墨经之名最早见于《庄子·天下篇》,清汪中则把《大取》《小取》两篇加进去,共六篇,合称《墨经》。《墨经》提供了逻辑和语言最全面的处理方法。随着对后期墨家逻辑的研究,学者们发现后期墨家逻辑与西方逻辑在概念上有诸多相似,比如"尽,莫不然也"(《墨经·经上》),"尽"指全称命题;"或也者,不尽也"(《墨经·小取》),"或"指特称命题;"假也者,今不然也"(《墨经·小取》),"假"指假言命题;"必,不改也","且,言然也"(《墨经·经上》),"必""且"指模态命题,"必""若弟兄",指必然判断,"且读书,非读书也","且斗鸡,非斗鸡也","且入井,非入井也","且出门,非出门也"中的"且"只具有可能性,不具有现实性。

后期墨家是中国逻辑的集大成者,自然吸引了海外学者的关注,对于后期墨家逻辑,海外学者都给出了极高的评价,他们围绕《墨经》中的"辩""名""说""悖论"等核心问题展开研究。

---

① Graham, A. C.: *Later MohistLogic, Ethics and Science*, The Chinese University Press and the School of Oriental & African Studies, London & Hong Kong, 1978, pp.233—235.

② Goldin, Paul R. :"Xun Zi",见SEP。

一、海外学者关注的第一个问题是墨家逻辑的具核心概念“辩”

何莫邪谈到中国哲学家孙诒让、毕沅、谭戒甫、伍非百等人对中国逻辑做出的贡献。胡适的重要研究《中国古代逻辑方法的发展》中涉及辩证法的某些部分，大约在同一时间出现在上海，由此展开了西方哲学家对中国逻辑的关注。

何莫邪认识到，中国古代的文献中还有很多内容是很模糊的，对《墨经》的理解仍然是最困难的。尽管如此，他也谈到《墨经》章节的结构是系统性的：

> 在论及辩证章节时，我们首先必须认识到的是，它们确实构成了一个结构化的系统，不能随意地重新排列，或读作零散的片段。从系统的角度来看，很多看起来武断和难以理解的事情，都符合一个更大的整体。①

何莫邪指出这种狭隘的墨家逻辑分析的概念只能适用于辩证章节第一部分的纯粹概念性问题：

> 的确，在定义中，真理必须在形式上是可推演或可证明的。这是必然性的范围。墨家能够想出这样一个概念上相互关系的领域，是中国科学史上最显著的智力成就。就其严谨的研究方法而言，它在中国文明史上是相当独特的。②

马歇尔·威尔曼高度评价了后期墨家逻辑，他认为：

> 在中国前汉代哲学流派中，最值得称道的是后期墨家，他们开创性地、系统地研究了语言和逻辑。③

海外学者对中国墨家逻辑的研究，欲探寻一些重要问题的答案：后期墨家逻辑学的主要分析成果是什么？他们问了什么逻辑问题？他们运用了什么逻辑概念？他们的方法与同时代人有何不同？为什么他们最终没有对中

---

① Harbsmeier，Christoph：*Logic and Language in Traditional China*，Cambridge University Press，1998，p.329.

② Harbsmeier，Christoph：*Logic and Language in Traditional China*，Cambridge University Press，1998，p.331.

③ Willman，Marshall：“Logic and Language in Early Chinese Philosophy”，见SEP。

国思想史产生重大影响？为了弄清楚这些问题，海外学者展开了对后期墨家逻辑的具体研究。

《墨经》中的墨家逻辑也被称为墨家辩学，“辩”是墨家逻辑中的核心概念，后期墨家对于“辩”的定义如下：

> 辩，争彼也。辩胜，当也。(《墨经·经上》)
>
> 辩。或谓之牛，或谓之非牛，是争彼也。是不俱当，不俱当，必或不当。不当若犬。(《墨经·经说上》)A74

> 彼，不可两也。(《墨经·经上》)
>
> 彼。之牛，其非牛。两也，无以非也。(《墨经·经说上》)A73

> 谓辩无胜，必不当，说在辩。(《墨经·经下》)
>
> 谓。所谓非同也，则异也。同则或谓之狗，其或谓之犬也。异则或谓之牛，其或谓之马也。俱无胜，是不辩也。辩也者，或谓之是，或谓之非，当者胜也。(《墨经·经说下》)B35

何莫邪解释了后期墨家逻辑中的“辩”：

> 术语“辩”通常被翻译为“争论”，这确实是葛瑞汉使用该术语的方式。当然，我们确信，“辩”这个词当用于早期的“辩者”或“诡辩家”，指的是一场言语和争论的战争，口头的争论，简而言之，“辩”指的是争论。①

何莫邪谈到墨家逻辑“辩”的作用。“夫辩者，将以明是非之分，审治乱之纪，明同异之处，察名实之理，处利害，决嫌疑：焉摹略万物之然，论求群言之比。”(《墨经·小取》)他说：

> 一个关键的步骤是将传统的“闻”的概念与逻辑分析结果的清晰辨别的概念区分开来。因此，后墨家发展了辨别的概念或“心之察”。传统上，中国人有一个“闻”的概念，这在很大程度上取代了知识的概念。

① Harbsmeier, Christoph: *Logic and Language in Traditional China*, Cambridge University Press, 1998, p.329.

听到某事是了解某事的主要方式。①

何莫邪认为更具体来讲，墨家在狭义上把形式逻辑分析“辩”定义为“彼”命题的争论：

《墨经》对“彼”概念也给出了巧妙的定义，当墨家的定义遭到反驳时，墨家通过“同异”关系进行解决。②

墨家用“这是牛”和“这不是牛”表明了矛盾命题不能同真（不俱当），必有一假（必或不当），同时也不能同假（谓辩无胜必不当）。“这是狗”和“这是犬”所说相同因而“无胜”，“这是牛”和“这是马”不能同真，却能同时不真，因而“无胜”。如果这些陈述确实是关于相反主张的，墨家逻辑关于矛盾命题的论述符合亚里士多德的逻辑基本规律，如葛瑞汉的翻译所主张的：“这是牛”和“这是非牛”，可见，墨家似乎主张的东西很像亚里士多德《形而上学》中阐述的非矛盾原则，其中陈述了任何两个相互矛盾的命题不能同时为真。此外，B35似乎认识到它们不能都是假的（谓辩无胜必不当），这暗示了排中原则的一种形式。

二、海外学者关注的第二个问题是后期墨家的“名”

名称被视为与世界的科学描述有关的不同语言单位之一，后期墨家对此有着明确的论述：“以名举实，以辞抒意，以说出故。以类取，以类予。有诸己不非诸人，无诸己不求诸人。”（《墨经·小取》）“言，口之利也。”（《墨经·经上》）“执所言而意得见，心之辩也。”（《墨经·经上》）“名”是概念，“辞”是命题，“说”是推理（论证），概念是模拟事物的，命题是表达思想的，论证是揭示根据和理由的。但是清晰地表达一个句子并不等于断言它。关于句子和断言之间的关系，后期墨家的逻辑学家发现 了“执所言”。言说是健全的发音器官口部的作用，根据其言辞而得见其中的含义，就是心智的辨别分析作用。塞尔（Searle）认识到，断言只是可以用命题进行的大量言语行为或事物中的一种，它恰好是与科学实践和哲学最相关的一个，因此：

“言”和“执所言”之间的对立，在这里肯定提醒我们，表达一个句子和断言它之间的现代分析区别。③

---

①② Harbsmeier，Christoph：*Logic and Language in Traditional China*，Cambridge University Press ，1998，p.330.

③ Searle，J. R.：*Speech Acts*，Cambridge University Press，Cambridge，1970.

威尔曼认为墨家的主要兴趣在于确定两个或两个以上的物体在什么条件下可以被视为“同”或“异”：

> 他们寻找一种条件，在这种条件下，一个物体可以被适当地描述为某种类型。这促使墨家识别不同类型的名称，主要有三种：达名、类名和私名。①

墨家断言将某物命名为“马”就是对其进行分类，并且对于与该物体相似的东西，我们必须使用这个名称，这表明“马”这个名称适用于在某种意义上与之相关的一类物体。相比之下，给某人起名为“藏”是私人的，是仅限于这个对象的名字。“私人”的名字指的是单个的个人，而不是其他人。这两种名称与普遍的“事物”有所区别，墨家断言，任何事物都必然需要名称。对此，威尔曼指出：

> 墨家的论辩术集中于成对互补的名称(如“牛”和“非牛”)，以确定哪一个可以适用于一个对象。每一对中的两个名称将所有存在的对象划分为两个互斥的类别。任何给定的对象都属于每一对中的一个或另一个类别，但不能同时属于两个类别。因此，每一对的名称不能同时适合对象，也不能两者都不适合。正是在这些条件下，墨家认识到了我们所说的不矛盾原则和排除中间原则。②

对此，威尔曼认为他们的主要兴趣是命名和引用，因此他们才会对意义进行反思。在指称行为中，“这是一头牛”的话语可以解释为一个命题在一个具有断言力的言语行为中的表达：

> 这一解释依赖于关于指称与意义关系的一般理论，而墨家并没有明确研究这一问题。他们对名字如何结合成有意义的整体越来越感兴趣，这可能使他们处于发展这样一种理论的边缘，但他们的重点仍然主要集中在命名和使用单词的特定行为层面。③

墨家逻辑讲到，从一定意义上说，知道狗而自己说不知道犬，是错误的，论证的理由是，狗和犬重名。如果在知狗和知犬相重合的意义上，说“知狗

---

① Willman, Marshall：“Loyic and Language in Early Chinese Philosophy”，见SEP。名：达、类、私。(《墨经·经上》)名。物，达也，有实必待之名也命之。马，类马，若实也者必以是名也命之。臧，私也，是名止于是实也。(《墨经·经说上》)

②③ Willman, Marshall：“Loyic and Language in Early Chinese Philosophy”，见SEP。

而不知犬”是错误的，如果在知狗和知犬不相重合的意义上，说“知狗而不知犬”就不算是错误的：“知狗，而自谓不知犬，过也。说在重。”(《墨经·经下》)“知。知狗重知犬则过；不重则不过。”(《墨经·经说下》)对此，葛瑞汉提出：

> 即使在标准固定、意义确定的情况下，歧义问题仍然引起墨家系统的关注，因为它对描述的程序有决定性的影响。[①]

何莫邪认为后期墨家，对表达的语义意旨(意)与表达所指称的世界对象(指)的区别，表现出了实践意识：

> 在现代哲学中，戈特洛布·弗雷格(Gottlob Frege)让这一(有问题的)区分闻名于世。他声称，“晨星”和“暮星”这两个表达有不同的含义，但指称相同。后期墨家对这种情况产生的悖论很感兴趣。对他们来说，同指但意义或内涵不同的标准词像“狗”和“犬”。[②]

何莫邪认为，墨家逻辑不仅讨论“名”，或者说只考虑了事物的名称，也有一些词不是事物的名称，在这些词中有逻辑上至关重要的量词，像“所有”和“一些”这样的词。这自然引起了后期墨家的特别关注：

> 因为墨家的博爱概念涉及普遍对象的量化。乍一看，后期墨家们竟然看到了定义诸如量词“所有”和“一些”这样看似微不足道的词的重要性，这似乎是令人惊讶的，但他们的兴趣是有很好的理论理由的。他们把“无”概念作为他们的原始的、没有定义的术语。[③]

《墨经》里面讲到“无”：“无穷不害兼。说在盈否。”(《墨经·经下》)“南者有穷则可尽，无穷则不可尽。有穷、无穷未可知，则可尽、不可尽，未可知。人之盈之否未可知，而必人之可尽、不可尽亦未可知，而必人之可尽爱也，悖。”(以上引难者语)“人若不盈无穷，则人有穷也，尽有穷无难。盈无穷，则无穷尽也，尽有穷无难。”(《墨经·经说下》)对此，何莫邪认为，墨家的答复可以形式化为：

---

① Graham, A. C.: *Later MohistLogic, Ethics and Science*, The Chinese University Press and the School of Oriental & African Studies, London & Hong Kong, 1978,p. 32,

② Harbsmeier,Christoph: *Logic and Language in Traditional China*, Cambridge University Press ,1998,p. 333.

③ Harbsmeier,Christoph: *Logic and Language in Traditional China*, Cambridge University Press ,1998,p. 334.

p=人若盈无穷。
q=尽有穷无难。
要么 p 要么不 ¬p(隐式假设)。
如果 p 那么 q。
如果不是 ¬p 那么 q。
因此:(Quod erat demonstrandum)q。[①]

后期墨家认为,要想知道一个普遍量化的句子是正确的,不需要知道有多少项被量化。何莫邪解释说:

> 后来的墨家们已经证明了无限的人对于墨家的爱所有人的学说来说并没有什么困难,现在他们又把有限的人考虑在内,例如两个。然后,如果一个反对者质疑墨家是否确定他爱所有的人,这个问题不是指所有的人(在具体的例子中:去掉其中一个),因此就无法提出他想问的问题。或者如果它确实问了所有现存的人的问题,那么这个问题的答案很简单,墨家爱的正是提问者所问的那些人。因此,反对者只能通过提供一个现成的答案来提出异议。[②]

《墨经》中"法"的含义为标准、方法,引申为法则、规律。"法,所若而然也。"(《墨经·经上》)"法。意、规、圆三也,俱可以为法。"(《墨经·经说上》)"循,所然也。"《墨经·经上》)"循。然也者,民若法也。"(《墨经·经说上》)法就是人们遵循它就能确定结果的东西,例如,可以按照圆的定义使用圆规或用一个圆形来模仿,这都是画圆的法则。遵循办事规律,是人的行动取得预想成果的原因。那么,判定一个描述是否适用的标准又是什么?何莫邪认为为了询问一个描述是否适用,需要一个标准:

> 正如我们在定义的小节中看到的,中国哲学家长期以来对词的含义进行了定义,但后来的墨家继续提出更抽象的一般问题:如何确定或确定含义?换句话说,他们关心的问题是我们应用什么标准来正确应用我们正确应用的词。他们选择的例子是"圆"的概念。后期墨家对所适用的标准(他们称之为"法"和作为与所适用标准相对应的属性的标

---

① Harbsmeier, Christoph: *Logic and Language in Traditional China*, Cambridge University Press ,1998,pp. 334—335.

② Harbsmeier, Christoph: *Logic and Language in Traditional China*, Cambridge University Press ,1998,p. 335.

准，他们称之为标准“因”）进行了准确无误的区分。[①]

但是，尽管在标准固定、意义确定的情况下，仍然存在着歧义问题。这一问题引起了墨家的系统关注，如《墨经》讲到：

已：成；亡。（《墨经·经上》）
已。为衣，成也。治病，亡也。（《墨经·经说上》）(A76)

使：谓；故。（《墨经·经上》）
使。令、谓，谓成，不必成。湿，故也，必待所为之成也。（《墨经·经说上》）(A77)

墨家解释说，“已”这个模态词具有两种用法：一种是指已经成就某件事，一种是指已经消除某件事，分别指代建设性和破坏性两个相反的方面。“使”也有两种用法：一种是指言语指使某人干某事，但某人不一定干成某事；一种是指某种客观原因致使某种结果必然产生，就像地湿的结果一定由它的客观原因导致，一定要等待这个原因起作用才能成立。何莫邪认为，从科学史的角度来看，最重要的一点是：

后期墨家没有把注意力局限在重要的哲学或道德术语上。他们对普通词汇也表现出好奇的科学兴趣。他们的兴趣不仅在于模糊性本身，还在于模糊性的结构。在上述的例子中，他们展示了一个单词如何看起来有两个完全相反的意思，尽管事实上它们是紧密相连的。[②]

三、海外学者关注的第三个问题是关于后期墨家的“说”

后期墨家提出的推理原则：“三物必具，然后足以生。夫辞以故生，以理长，以类行也者。立辞而不明于其所生，妄也。今人非道无所行，虽有强股肱，而不明于道，其困也，可立而待也。夫辞以类行者也，立辞而不明于其类，则必困矣。夫辞以类行者也，立辞而不明于其类，则必困矣。”（《墨经·大取》）根据后期墨家的推理原则，何莫邪指出：

描述是通过句子，这些句子至关重要地涉及“类”的规范。这个简洁的陈述给了我们一个原因，为什么墨家对术语的精确互定义有如此

①② Harbsmeier, Christoph: *Logic and Language in Traditional China*, Cambridge University Press ,1998,p. 336.

特别的兴趣。根据这些义，他们建立了在推理中起关键作用的“类”，他们将这个推理过程称为“推类”。①

葛瑞汉和陈汉生都认为：

后期墨家的主要关注点是语言的实用主义和行为指导功能，以及这些功能如何促成关于恰当的伦理话语和行为规范。②

推理通常被理解为对句子或断言的形式进行的句法操作，它保留了“真”的语义属性。亚里士多德的逻辑学就是一个例子，他认为论证的有效性是由论证的直言形式决定的，而不依赖于它的前提的真实性和它的术语的语义，也就是说，论证的有效性是由论证形式决定的，而与它的内容无关。但是，中国是否存在这样的论证形式呢？威尔曼认为像大多数其他早期中国哲学家一样，墨家似乎没有以这种方式构思出有效的推论。即使他们对逻辑或语法形式的问题给予了越来越多的关注，他们仍然怀疑不同种类的形式是否可以被视为意义的不变指南：

他们始终谨慎地认为句子或复合词的意思是由其组成部分的意思及其组合方式决定的。由于这个原因，他们认为有效的推理在一定程度上是语义事件，取决于我们对组合中意义特质的考虑。因此，他们没有严格根据逻辑或语言形式的诉求来发展推理理论，而是试图根据组合词的语义类比，对他们认为有效的推理模式进行可行的分类。③

后期墨家的“侔”式推论：“白马，马也；乘白马，乘马也。骊马，马也；乘骊马，乘马也。获，人也；爱获，爱人也。臧，人也；爱臧，爱人也。此乃是而然者也。”（《墨经·小取》）在何莫邪看来，后期墨家的“侔”式推论就是一种替代原则的运用，后期墨家明显地承认了一个替代的原则：

如果X被定义为Y，那么就可以用Y替换X，而不影响这个句子的真伪。正是这种互换性将不同的句子连成一个体系。因此，可替代性是后期墨家分析体系中的一个中心理论问题，因此引起了他们的详细

① Harbsmeier, Christoph: *Logic and Language in Traditional China*, Cambridge University Press，1998，p. 332.

②③ Willman, Marshall：“Loyic and Language in Early Chinese Philosophy”，见SEP。

注意。[①]

上述推论是《墨经》中"侔"式推论"是而然"的情形,肯定的前提是正确的,肯定的结论也是正确的。方克涛认为"侔"式推论是一种句法上平行的话语:

> "侔"通常指的是呈现一系列句法上平行的话语,其中一个或多个用话语通过类比论证一个或多个其他话语应该被接受。话语的结构或短语之间的形式上的相似性应该使我们也看到所描述的事物或情况之间的类比关系,因此,如果我们接受其中一些相似之处,我们就应该接受它们。[②]

正如方克涛理解的"侔"式推理,这些例子也可以支持与骑马无关的话语,例如:

> 黄狗就是狗;喂黄狗就是喂狗。
> 牛是动物;喂牛就是喂动物。[③]

方克涛将上述推理形式概括为:

> "x is y,Fx is Fy",其中F是应用于x和y的谓词。[④]

当然,"侔"式推论的形式并不局限于这种形式的话语。根据墨家在《小取》中的讨论,"侔"式推论可以用于各种结构模式,例如:

> 读书,非书也;好读书,好书也。
> 斗鸡,非鸡也;好斗鸡,好鸡也。
> 且入井,非入井也;止且入井,止入井也。
> 且出门,非出门也;止且出门,止出门也。(《墨经·小取》)

这是《墨经》中"侔"式推论"不是而然"的情形。"侔"式推论一连串的平行例子旨在引导我们接受新的、平行的话语,并将它们视为识别进一步的话语,方克涛将上述的推理形式归纳为: x is not y, Fx is Fy。[⑤]

当然,后期墨家也探讨了下面这种形式的推论:

---

① Harbsmeier,Christoph: *Logic and Language in Traditional China*, Cambridge University Press ,1998, p.337.

②③④⑤ Fraser, Chris:"Mohist Canons",见SEP。

获之亲,人也;获事其亲,非事人也。
其弟,美人也;爱弟,非爱美人也。
车,木也;乘车,非乘木也。
船,木也;入船,非入木也。
盗,人也;多盗,非多人也;无盗,非无人也。(《墨经·小取》)

上述论证就是为了证明:

盗,人也;杀盗,非杀人也。
盗,人也;爱盗,非爱人也。

这是《墨经》中"侔"式推论"是而不然"的情形。方克涛认为,这些语句符合一种公认的陈述模式,描述了一种熟悉的情况,在这种情况下:

x is y,Fx不被视为Fy这种行为。[①]

四、海外学者关注的第四个问题是后期墨家的"悖论"

除了这些表面上与当代形式理论体系的基本逻辑概念的相似之处外,在《墨经》中还有大量的材料是阐明逻辑原则的。学者们从《墨经》文本中推断出了西方形式逻辑系统中常见的原则,如推理的基本规则(假设、否定、假言三段论)、充要条件、不矛盾律和排中律、反证法等。威尔曼认为:

有趣的是,我们还发现了一种似乎是说谎者悖论的提法,在西方,这一说法最早在公元前4世纪由欧几里得(Eubulides)提出:"声称所有的说法都自相矛盾是自相矛盾的。"[②]

辩证法章节的定义和句子系统的设计目的之一是为了避免或解决悖论。后期墨家提出了许多悖论,其中一些理论是合理的,只是表面上似是而非,另一些则是基于概念混淆。

(一)知识的悖论

《墨经》讲到认识自己原来不认识的东西有两种方式:一种是概念,一种是应用概念在实践中选取为概念所反映的事物。

① Fraser, Chris:"Mohist Canons",见SEP。
② Willman,Marshall:"Loyic and Language in Early Chinese Philosophy",见SEP。

知其所不知，说在以名、取。(《墨经·经下》)

知。杂所知与所不知而问之，则必曰："是所知也，是所不知也。"取、去俱能之，是两知也。(《墨经·经说下》) (B48)

何莫邪认为这是关于知识的悖论，是一个非常微妙的问题：

我们知道我们不知道什么，从某种意义上说，我们可以识别什么是我们知道的，什么是我们不知道的。因此我们知道我们不知道的是什么，但是我们仍然不知道我们不知道的是什么。①

（二）假词(Loan words)

《墨经》讲到"悖"产生的一种情况是"假"，虚假必然有悖于事实，因为事实并非如此：

假必悖，说在不然。(《墨经·经下》)

假。假必非也而后假。狗，假霍也，犹氏霍也。(《墨经·经说下》)(B8)

卡尔格伦也认为"假必悖"，而且他还分析了产生这种悖论的原因：

"悖"必然出现的一个地方是假词的情况，在这种情况下，具有特定发音的给定字符被用作具有相同或相似发音的单词的语音假词。②

对此，何莫邪解释说：

后期墨家非常恰当地将字符的原始含义和派生含义之间的"悖"概念与必然性或分析真理的概念联系起来。③

（三）标记自反表达式(Token-reflexive)

何莫邪认为，出现悖论的一种情况是由于指示语在哪里使用和由谁使用的不同造成的，这也是指示语表面上自相矛盾的本质。

标记反身或指示性表达的是像"我""你""这个""那个"这样的单词。这里的逻辑难题很简单，我所指的"我"就是你所指的"你"，而我所指的"你"就是你所指的"我"。你称之为"那个"的，我称之为"这个"，我

①③ Harbsmeier, Christoph: *Logic and Language in Traditional China*, Cambridge University Press, 1998, p.342.

② Karlgren, Bernhard: *Grammata Serica Recensa*, (Repr. in BMFEA, 29, 1957.)1952b.

> 称之为"那个"的,你称之为"这个"。类似的情况也出现在"这里""那里"等词上。[①]

当然,后期墨家提出了消解这些明显悖论的方法:"彼此彼此与彼此同。说在异。"(《墨经·经下》)"彼。正名者。彼此彼此可。彼彼止于彼,此此止于此,彼不可彼且此也,彼此亦可。彼此止于彼此。若是而彼此也,则彼亦且此此也。"(《墨经·经说下》)

墨家指出,那个"彼"之名,要确定地指称"彼"之实;这个"此"之名,要确定地指称"此"之实。"彼此"的集合概念不能仅单独地指称"彼"之实或"此"之实。"彼此"的集合概念,要确定地指称"彼此"的集合体。这样的话,就可以避免由于指示词的错误使用而引发的悖论。《庄子》中玩弄指示术语的相对性,并偷偷地把相对性问题转移到道德术语上。但后期墨家认为,指示代词的相对性并不否定指示代词的使用,只要指示代词的使用是一致的。

(四) 不存在悖论

《墨经》论证了"无"和"有"之间的关系,"无"不以"有"为必要条件,这在于所说之"无"的种类:如果说"现在无马",指先有后无;如果说"天无塌之事",指从来都是无。

> 无,不必待有。说在所谓。(《墨经·经下》)
> 无。若无马,则有之而后无;无天陷,则无之而无。(《墨经·经说下》)(B49)

对于"有""无"之间关系的错误应用,会产生悖论。何莫邪指出,在我们说这个东西不存在之前,必须先确认这个东西的说法自相矛盾的。

> 后期墨家通过对一方面存在事物的不存在和另一方面宇宙中不存在之间进行重要的概念区分,来处理这种令人困惑的状态。[②]

(五) 计数水平的悖论

何莫邪引用《墨经》中的例子来说明"一少于二而多于五"这样的悖论、逆说、佯缪、似是而非的形式命题:[③]

---

①② Harbsmeier, Christoph: *Logic and Language in Traditional China*, Cambridge University Press ,1998, p.343.

③ Harbsmeier,Christoph: *Logic and Language in Traditional China*, Cambridge University Press ,1998, p.344.

一少于二而多于五。说在建住。(《墨经·经下》)

一:五有一焉;一有五焉;十,二焉。(《墨经·经说下》)(B59)

当然,墨家这里的数字悖论,主要在于数字后面的量词的不同所造成的。“一多于五”意为“一”的元素的数量多于“五”的集合的数量,比如一只手,“一指”的元素有五个,而“五指”的集合却只有一个。

(六) 时态悖论

何莫邪引用《墨经》中“已然”和“尝然”的例子来说明:①

可无也,有之而不可去。说在尝然。(《墨经·经下》)

可无也。已然则尝然,不可无也。(《墨经·经说下》)(B61)

《墨经》中讲一件事情可以是从来没有,但是一旦有了,就不可能将它抹掉。一件事情已经如此,那就是曾经如此,不能说它从来没有如此。

(七) 空间和时间的悖论

《墨经》讲到时间和空间的关系:走一定长度的路程,必然需要一定长度的时间,理由在于走一定长度的路程有先后的区别。走路的人必然是先走近再走远,远近构成了空间的长度,先后构成了时间久暂。

行修以久,说在先后。(《墨经·经下》)

行。行者必先近而后远。远近,修也;先后,久也。民行修,必以久也。(《墨经·经说下》)(B64)

在这里,墨家对基本概念进行了细致的分析,目的是澄清时空悖论。但这种悖论到底是属于哪种悖论?正如何莫邪所说的:

我们不知道墨家到底想的是什么悖论。也许这不是惠施的“今日适越而昔来”,但它确实是这个顺序的某种悖论。我们可以看到,这些悖论本身并不一定会引起科学的兴趣,但它们的巨大用途在于迫使对手澄清概念,以便找出明显的悖论。②

---

①② Harbsmeier, Christoph: *Logic and Language in Traditional China*, Cambridge University Press ,1998, p.344.

（八）自我反省悖论

如果一个人坚持一个句子，那么他就承诺否认自己所说的否定（或拒绝否认）。因此，拒绝否定任何句子，就像道家喜欢做的那样，简直是自相矛盾：

> "非诽"者必悖，说在弗非。（《墨经·经下》）
>
> 非。"非诽"，非已之诽也。不"非诽"，非可非也，不可非也，是不"非诽"也。（《墨经·经说下》）（B79）

上述悖论可解释为，假设有人坚持认为应该拒绝否认。那么，如果他说的是真的，那么应该否定人们不应该拒绝否认的论点。但是，如果承认该论文确实应该被否定，那么人们并不是真的坚持认为应该拒绝否认，至少在一种情况下（即拒绝否认的论文），人们未能拒绝否认。因此一个人的立场是不一致的。何莫邪按照我们通常的思路重新表述这个问题：

> 假设某个人（相对主义者）坚持命题P（"对于所有命题s:s都是真的"），然后他坚持认为"P是真的"。现在，通过在这个公式中用非P代替s，我们得到了"非P为真"作为P的结果。因此相对主义者有两个命题：
>
> 1.P是真的。
>
> 2.非P是真的。[①]

从另一个角度来看，这种替换恰好了表明了相对主义者是自相矛盾的：

> 如果坚持P，那么意味着否定非P；
>
> 如果否定非P，那么违背了不否定任何命题的原则；
>
> 因此，坚持P是自相矛盾的。
>
> 如果他坚持没有任何命题被否定，那么相对主义者就致力于否定那些不是所有命题都被否定的命题。
>
> 因此，他是自相矛盾的。[②]

其实，墨家的论证并不是说明相对主义者在拒绝否认上是对还是错的问题，关键是相对主义者的立场是自相矛盾的。何莫邪对这种论证给予了

---

① Harbsmeier, Christoph: *Logic and Language in Traditional China*, Cambridge University Press ,1998, p.344.

② Harbsmeier, Christoph: *Logic and Language in Traditional China*, Cambridge University Press ,1998, p.345.

高度评价：

> 将这种逻辑精妙程度的高级论证归功于一位中国古代思想家，这是非同寻常的，但在这种特殊情况下，文本非常清晰，解释也非常直截了当。①

当然，墨家对“以言为尽悖”也做出了证明，反对把所有的说法都看成是矛盾的：

> 以言为尽悖，悖，说在其言。(《墨经·经下》)
>
> 以。悖，不可也。之人之言可，是不悖，则是有可也。之人之言不可，以当必不当。(《墨经·经说下》)(B71)

何莫邪指出，这个论证的关键是把一个关于所有命题的命题应用到这个命题本身：

> 如果相对主义者宣称他自己的论题被包括在那些不连贯的论题中，这些论题是要被拒绝的，那么他既坚持又拒绝他的论题，因此自相矛盾。
>
> 如果他没有把他的论点包含在那些不连贯的被拒绝的论点中，那么至少有一个论点是连贯的而不被拒绝，因此相对主义者又在自相矛盾。②

通过上述论证，何莫邪认为无论是谁提出这类论证，他都是一个具有相当复杂逻辑的思想家。

> 他代表了一个早期先进的逻辑和科学文化，不幸的是，在中国传统中，值得传承的痕迹太少了。③

后期墨家的逻辑实践与公孙龙及其他的“诡辩家”们有着深刻的不同。葛瑞汉特别指出，墨家对公开的口头争论没有表现出特别的兴趣，对他们来说，文学的本质不再是文字的较量，而是对世界的恰当描述和对概念的系统逻辑分析。如果有人因此而把墨家和公孙龙视为唯名论者，那将是严重的误导。葛瑞汉指出：“墨家在现实主义和唯名主义之间考虑了一种选择，并选择了后者。墨家以及公孙龙，在我们看来只是唯名论者，因为他们似乎没有考虑什么——遵循中世纪的欧洲传统——我们应该称之为现实主义的问题，涉及抽象意义的客观存在。事实上，由于中国古代没有现实主义的概

---

①②③ Harbsmeier, Christoph: *Logic and Language in Traditional China*, Cambridge University Press ,1998, p.345.

念,因此将哲学唯名主义归于他们也是没有意义的。”[1]

何莫邪也指出,墨家逻辑与亚里士多德逻辑也有着本质的不同:“亚里士多德逻辑本质上主要关注概念之间的关系,排斥关系、包容关系等。墨家的逻辑很少涉及这一点,几乎全部集中在名与实的关系上。后期墨家对词的意义并没有表现出特别的兴趣,而主要关注词与物的关系。”[2]

① Graham, A. C.: *Later MohistLogic, Ethics and Science*, The Chinese University Press and the School of Oriental & African Studies, London & Hong Kong, 1978, p.33.

② Harbsmeier, Christoph: *Logic and Language in Traditional China*, Cambridge University Press, 1998, p.329.

第六章　海外学者研究中国古代逻辑的特点与问题

在过去的100年中,大量关于中国逻辑的学术研究致力于找出中国逻辑与西方逻辑概念或原理的基本相似之处,或者认为墨家的基本目标是建立形式化理论,该理论可以与亚里士多德的分类逻辑或斯多葛学派的命题逻辑相媲美。海外学者对中国逻辑的研究,尤其是对古汉语、古汉语的逻辑特征、逻辑概念、逻辑应用以及逻辑理论的研究分析,取得了很多的研究成果,这些研究成果为中国逻辑研究提供了良好的借鉴。

与国内中国逻辑思想研究相比,西方学界从一开始就突破单纯以西方逻辑为框架的模式,采用了各种不同的方法,其中就有文本解释、文本考证、历史分析、逻辑分析、比较研究等常用方法,也有语言哲学、逻辑哲学等较为新颖的方法。与中国近代学者的研究相比,他们更注重文本的考证与解释,这样就会更接近文本的原意。当然,尽管他们的一些观点存在认识上的不足,但总体来说,他们已经把握了中国古代逻辑的特殊性质。

第一节　海外学者研究中国古代逻辑的特点

海外学者将中国逻辑思想还原到中国传统文化与学术发展的背景之下,来展现中国逻辑本身的丰富性和多样性。海外学者研究中国逻辑,有其固有的研究方法,也就是基于西方哲学和西方逻辑的基础和视角。不同国家的学者对中国逻辑思想的研究,也带有一定的地域性特征,体现其特性的一面。如果我们以海外学者的相关文献为研究基点,根据其学术研究领域的不同,我们可以大体将这些学者相对地划分为10个研究偏好:(1)关注古汉语;(2)注重从文本和语言的解读;(3)从综述研究的视角关注中国逻辑;(4)从英汉互译思路研究中国逻辑;(5)从语言哲学的视角研究中国逻辑;(6)从逻辑哲学的视角研究中国逻辑;(7)从哲学论题的视角研究中国逻辑;(8)重视对中国古典文献的解读并尝试用西方哲学思维对中国逻辑进行重构;(9)注重比较研究;(10)研究内容集中于"名辩"。

(1) 海外学者比较关注古汉语。纵观西方哲学史,不难发现,西方的哲学思想家喜欢从"语言"这个源头展开分析和研究,研究语言与世界的关系以及语言或词语的意义,这种过分强调语言分析的研究偏好,在海外学者研究中国思想的著作中也体现得很明显。例如,在海外,尤其是欧洲,人们对古汉语语法的兴趣由来已久,讨论也较多。最早介绍古汉语的文献可能是1703年传教士弗朗西斯科·瓦罗撰写的《国语艺术》,而拜耳的《汉语博览》是欧洲出版的第一本关于汉语语法的著作。进入19世纪后,中国古代语言渐渐得到海外学者的关注,在这一过程中,威廉·冯·洪堡的《中国特色语言》也许是对中国语言的哲学和一般语言学问题的最好的介绍。在此之后,许多传统的德国语言哲学家,继续探讨汉语的结构对于语言哲学的重要性,如斯坦塔尔的《人类语言的主要类型特征》,传教士马歇尔的《中国语法要素》,莫里森1815年出版的《汉语语法》。当然,也有些早期的海外学者认为古汉语没有语法,如贾尔斯(Giles ,Herbert A.)、莱顿大学的古斯塔夫·施莱格尔、德国哲学家弗里德里希·谢林等学者就持有这种观点。同时,海外学者还讨论了汉语的语音、汉字以及中国语言是否适合科学研究等问题。这一时期的海外学者一般认为古汉语没有标点符号,缺少曲折变化,缺少像印欧语系中清楚的引用惯例以区分一个表达式的使用和表述,同时,其单复数和时态的区分也不明显,没有按照一系列的规定形成体系,然后用这些体系把各个要素串联起来,没有一个清晰的逻辑去串联一系列的符号,因此在抽象与语义之间的对应上存在含混不清的情况。

(2) 注重从文本与语言的解读。文本考辨是海外学者较早研究中国逻辑的领域,早期有阿尔弗雷德·福克的《中国诡辩家》和《墨子的社会伦理思想及其学生哲学著作》,其中《中国诡辩家》主要介绍了邓析、惠子和公孙龙子的悖论思想。葛瑞汉的《后期墨家的逻辑、伦理和科学》中建立并阐释了中国逻辑的主要来源——《墨经》的辩证篇。亨利·马斯佩罗的《墨子及其学派的逻辑注释》从语言学的视角解释了墨家的逻辑。何莫邪的《中国传统的逻辑和语言》也是从语言学的视角分析了中国逻辑的基础。

(3) 从研究综述的视角关注中国逻辑。亚努什·奇米耶夫斯基的《中国早期逻辑注释1至8》是中国经典文本首次尝试形式逻辑的使用。唐纳德·莱斯利的许多论文也进行了同样的处理。相似的还有伊恩·约翰斯顿的《〈公孙龙子〉:翻译及其与后期墨家著作的关系分析》。顾有信还详细考察了中国近代西方逻辑学的传入过程,即中国逻辑发现的过程,指出在这期间对于"类"范畴的研究存在问题,突破了之前中国逻辑研究集中在先秦时期的局限。

（4）从英汉互译思路研究中国逻辑。马森-奥塞尔的《比较逻辑研究》则主要介绍了中国的各种推理形式。相似的还有马克斯·佩勒伯格的《公孙龙子》：汉语原文的平行翻译、评注、注释、标点和直译、中文注释、序言和索引》。

（5）从语言哲学的视角研究中国逻辑。陈汉生的《中国古代的语言和逻辑》就用西方语言哲学，特别是解释学的方法来分析中国古代的哲学著作，用中西比较的方法来研究中国古代的语言和逻辑，他描述了中国西汉时期语言与逻辑的特殊特征，声称"中国哲学家根本没有真的概念"①。陈汉生还提出一种"连贯方法论"（Coherent Theory of Methodology），他将这种方法描述为："对中国古典哲学文本中的一段文字的解释应与对章节的解释相一致，并与本书的解释相一致。反过来，我们对一本书的解释理论，应该是作者哲学理论的一个连贯的部分，与他所属学派的理论相结合，应该是当时哲学环境的连贯的部分，应该是哲学传统的一个连贯的部分，它应该成为一个人关于哲学本质的理论本身的连贯的部分。"②海纳·罗茨批评陈汉生的"连贯方法论"没有什么新奇之处，但他也明确指出："陈汉生的分析方法与众所周知的中国伦理观相关，即整体性和他律的，以及缺乏自由、个人主义和个人尊严的观念。如果从同质性和传统主义的角度来理解一种文化传统，那么通过共同拥有一种特定的语言来理解它就更有可能。这也解释了陈汉生最重要的启发式方法：连贯性的解释学，它支持同质解释，而不是差异解释。"③

（6）从逻辑哲学的视角研究中国逻辑。蒂埃里·卢卡斯在《惠施与公孙龙：一种来自现代逻辑的进路》一文中，从逻辑哲学的研究视角讨论了惠施的十个命题和公孙龙子的《白马论》《坚白论》《指物论》，他认为通过强调概念在这个词在逻辑意义上的重要性，有助于我们厘清惠施十大命题和《公孙龙》三篇论述中呈现出的一种共同的结构，也有助于澄清"正名"等难以捉摸的概念。伯纳德·所罗门在《论中国古代名家》这本著作中，和蒂埃里·卢卡斯一样，也从逻辑哲学的视角重点分析了惠施和公孙龙子的著作，包括惠施的十个"悖论"（命题）。与和蒂埃里·卢卡斯不一样的是，伯纳德·

---

① Hansen, Chad: "*Chinese Language, Chinese Philosophy*, and 'Truth'", *Journal of Asian Studies* 44, no. 3 .1985, p.49.

② Hansen, Chad: *Language and Logic in Ancient China*, The University of Michigan press, 1983, p.6.

③ Roetz, Heiner: " Validity in chou thought: on Chad Hansen and the pragmatic turn in sinology", In *Epistemological issues in classical Chinese philosophy*, ed. by Hans Lenk and Gregor Paul, State University of New York Press, Albany, 1993, p.70.

所罗门除了公孙龙子的《白马论》《坚白论》《指物论》以外，还讨论了公孙龙子的《通变论》和《名实论》，另外，伯纳德·所罗门的《论中国古代名家》还从语言视角切入哲学问题，讨论了惠施和公孙龙子的哲学问题，这反映了当代海外学者研究中国"名家"思想的新成果。

(7) 从哲学论题的视角研究中国逻辑。相关成果有方克涛的《墨子哲学：第一个结果论者》(*The Philosophy of the Mòzǐ: The First Consequentialists*, 2016)，及他的系列论文。

(8) 重视对中国古典文献的解读并尝试用西方哲学思维对中国逻辑进行重构。代表著作有迈克尔·拉克纳编写的论文集《新观念的新语词：中国晚期的西方知识与词汇变迁》。顾有信的《中国逻辑的发现》分析了中国逻辑的发现，并将其作为形成对中国知识遗产解释的认知转变的范例，它重构了现代话语的跨文化谱系，为全球哲学史增添了不容忽视的一章。美国学者郝大维与安乐哲合著了《汉哲学思维的文化探源》，他们使用实用主义和历史决定论的方法，而不是把历史主义传统简化为理论或者概念术语(如客观性、严格同一性或超越性)，详细分析了在汉代综合和编纂成为主导的中国文化方面的重要性，他们否认了任何分析永恒或普遍的中国思想的借口。

(9) 注重比较研究。事实上，比较研究也是海外学者必不可少的研究方法之一，主要通过逻辑与语言的比较，分析了中西逻辑的不同。何莫邪在中国逻辑的研究中，不仅采用了哲学分析的方法，还对中西逻辑中的"类"范畴进行了比较，总结出中国传统的"类"(lei)概念与纯逻辑的"类"(class)概念之间有着强烈的对比，中国传统"类"概念与逻辑上的数学集合(set)概念或"类"(class)概念是不一致的，它主要是沿着"自然类"和"解释类"的道路演变。

(10) 研究内容集中"名辩"。尽管海外学者研究中国逻辑的方法各不相同，但是，从研究内容看，海外学者的研究大都集中于中国逻辑中的"名辩"，成果也极多。但是，对于《易经》的逻辑思想，海外学者却极少关注，也就是说，海外学者并没有把《易经》的内容视为中国逻辑的一部分，这又是海外学者研究中国逻辑的另一个特点。

第二节　海外学者研究中国古代逻辑的问题

与对古汉语这种语言的关注不同，中国的逻辑很晚才引起海外学者的注意。西方关于逻辑史方面的著作很多，但是对于"中国逻辑"的论述却很少。进入20世纪后,这种现象已经有了明显改变,在最近的一百多年中,海外学者通过各种不同的视角对中国逻辑进行了研究,其研究经历了一个从无到有、从单一到全面、从粗浅到深入、从重点探究到系统发掘的过程。目前,关于中国逻辑的研究实际上已成为西方学界的热点话题。关于什么是中国逻辑,亚伯拉罕·玛丽埃·德·耶稣(Abraham Marier De Jesus)认为:"事实上,中国逻辑可以描述为从葛瑞汉对《墨经》方言章节的文本重构,到亚努什·奇米耶夫斯基对中国论点的演绎形式化的任何东西。这个范围包括陈汉生的中国逻辑唯名论,以及崔清田和温公颐提出的类比理论。"[①]

有海外学者认为,或许理解中国逻辑的另一种方式是简单地允许"中国"仅指地理标签。但是,这似乎引发了翟锦程对"在中国的逻辑"和"中国逻辑"的区分。[②]亚伯拉罕·玛丽埃·德·耶稣坚持认为,考虑到蒯因激进翻译学说的巨大影响和翻译的不确定性,中国的逻辑与世界其他地方的逻辑似乎没有区别,因为"翻译保证逻辑真理"。[③]但是,他也注意到,如果承认西方逻辑的多元性,那么中国逻辑只是众多体系中的一个,对中国逻辑的研究是非常有必要的。他解释说:

> 因为过去的研究几乎没有让我们深入了解"中国"逻辑系统的形式细节。一些概念和线索散落在几位学者多年的研究中,但没有一个相关的见解被系统地收集起来。此外,自从陈汉生(1975)第一次开始讨论他的物质名词假设和他的中国逻辑理论以来,学者们一直没有找到这条研究道路,因为陈汉生的理论本身就阻止了对中国逻辑的演绎或形式解释。[④]

正如伯拉罕·玛丽埃·德·耶稣所说,尽管海外学者意识到了中国逻辑的特殊性,但是,海外学者对于中国逻辑的研究还是存在一些问题的。根据上面梳理的海外学者的中国逻辑研究,笔者认为海外学者对中国逻辑的研究主要有下面几个问题:(1)古汉语翻译的"形似,而神不似"问题;(2)推类理

---

① Abraham Marier De Jesus: *The Foundations of Chinese Logic*, The University of British Columbia, B.A., 2007, p.1.

② 翟锦程:《用逻辑的观念审视中国逻辑研究——兼论逻辑史研究中的几个问题》,《南开学报(哲学社会科学版)》2007年第4期。

③ Quine, W. V.: *The Philosophy of Logic, 2nd Ed*, Harvard University Press, Cambridge, 1986, p.83.

④ Abraham Marier De Jesus: *The Foundations of Chinese Logic*, The University of British Columbia, B.A., 2007, p.3.

解的准确性问题;(3)中国传统思维的准确理解问题。

一、古汉语翻译的"形似,而神不似"问题

用"从综述研究的视角关注中国逻辑"和"从英汉互译思路研究中国逻辑"的思路研究中国逻辑的海外学者一般存在古汉语翻译的"形似,而神不似"的问题。

古汉语中,往往一个字就代表了一个词语甚至一句话。秦汉时期,单音词占绝对优势,音节有限而词义无穷,一词多义的现象极为普遍,这就造成古汉语的表述是意象性的。如果把古汉语翻译成英语等印欧语系的语言,会出现问题,如布雷斯就举出了一个"知人知面不知心"的例子。在古汉语的语境中,"知人知面不知心"这句话很好理解,但是,如果把这句话翻译成英文:

直译为:KNOW MAN, KNOW FACE, NOT KNOW HEART.

意译为:When you know a person, you know his face but you do not know his heart.[①]

"人"直译成"man",是有问题的,古汉语中的人是指所有的人,当然还包含"weman",并不仅指"man",因此,翻译成"person"要好一点。在这句话中,"面"是指面貌,除了指外在的脸形,还包含表情等,而英语中的"face"单纯指脸,因此,古汉语的"面"与英语中"face"的差异较大。"心"与"heart"的区别则更大,"心"在这句话中的主要意思是"内心",而"heart"的主要意思是"心脏",两者的内涵与外延完全不一样。事实上,无论上述哪一种译法,与古汉语的表述都存在差异,这也就是"形似,而神不似"问题。

又如威廉(Wilhelm,R.)举的"子产治郑"的例子:

When people were involved in lawsuits, Têng Hsi would enter agreements with them: for a large case he could take one overcoat, for a small case he would take a jacket with trousers. Innumerable people handed up their coats and jackets with trousers to take his legal advice. Têng Hsi turned wrong into right and right into wrong. There was no standard of right and wrong. What was admissible and what was not

---

① Brace, A. G.: *Five Hundred Proverbs Commonly Used in West China*, Commercial Press, Shanghai, 1925, p.12.

> changed from day to day. If Têng His wanted someone to win a case that man would win as a result. If Têng Hsi wanted someone to be found guilty, that man would be found guilty as a result. There was great confusion in Cheng, and the people kept arguing with each other.

原文来自《吕氏春秋·离谓》:子产治郑,邓析务难之。与民之有狱者约:大狱一衣,小狱襦裤。民之献衣襦裤而学讼者,不可胜数。以非为是,以是为非,是非无度,而可与不可日变。所欲胜因胜,所欲罪因罪。

威廉(Wilhelm,R.)将这个例子翻译成英文后,与原文虽然近似,但仍稍有差异,如威廉把"衣"翻译成"coat","襦裤"翻译成"jacket with trousers"。这种翻译实际上是不准确的,"衣"这个名词在古汉语中的含义与英语"coat"在英语中的具体含义是存在差异的。这种翻译虽然"形似",却"神不似"的。产生这种现象的原因是把古汉语"印欧语系化"了,翻译后的文字很难准确的反映古汉语原文的准确意思。这也反映了翻译表述的差异。

二、"推类"理解的准确性问题

用"从语言哲学的视角研究中国逻辑"和"从逻辑哲学的视角研究中国逻辑",以及"从哲学论题的视角研究中国逻辑"的思路研究海外学者一般存在"推类"理解的准确性的问题。例如,海外学者对于"推类"的核心"类"的理解存在一定的不足。如安东·杜米特留分析了《墨经·经说下》中的:"故曰'牛马非牛也',未可。'牛马牛也'未可。则或可或不可,而曰'牛马非牛也未可;牛马牛也未可'亦不可。"他认为牛马是一个更高的属,单独的牛、马是种,即牛马和单独的牛、马是属种关系。当然,安东·杜米特留的这一观点是值得商榷的。在西方逻辑中,属包含种,种不包含属。属同义地谓述其下属的种,但是种从不能谓述属。我们可以说"白马是马",但不能说"马是白马"。然而在中国古代逻辑思想中,只注重种类之间"类同"与"不类"的分析,忽略了对真正属种关系的考察,因此,在中国古代逻辑思想中出现了"白马非马""牛马非牛"等命题。遗憾的是,安东·杜米特留未能说明这一点。对于"牛马非牛"的问题,陈孟麟就认为:说牛马不是牛和说牛马是牛的说法相同,都是不可以的,原因在于牛马是一个整体概念。[①]另外,陈汉生在分析墨家的"非类"时,认为仅当物质质料之间的"比较不合法""毫无意义"时,才称之为"非类"。他的这一观点显然缺乏对《墨经》的深入理解,因为墨家的

---

① 陈孟麟:《墨辩逻辑学》,济南:齐鲁书社1983年版,第276页。

类同与不类是根据事物的本质属性来区分的。

从文献上看,最能体现中国逻辑思想的是先秦墨家的思想,先秦墨家逻辑思想的核心显然是“推类”。无论是同意还是质疑中国逻辑的学者,对这一点基本是认可的。先秦墨家的这种推理类型在《墨经·大取》中有着明确的阐述:

> 夫辞以故生,以理长,以类行也者。立辞而不明于其所生,妄也。今人非道无所行,唯有强股肱,而不明于道,其困也,可立而待也。夫辞以类行者也,立辞而不明于其类,则必困矣。

显然,在这段论述中,墨家提出了“夫辞以故生,以理长,以类行也者”的推理思路。墨家同时认为:“三物(故、理、类)必具,然后足以生。”(《墨经·大取》)也就是说,墨家认为一个完备的推理只要具备“故”“理”“类”即可推出“辞”,因此,依据文本的字面意思,我们可以把这种推理的结构暂时刻画为:

(TL_1){故,理,类}→辞。

对于这种推理机制,有学者认为其相当于亚里士多德的三段论,张纯一[①]就持有这种观点。从形式上看,“推类”的这种特殊结构确实很像亚里士多德的三段论,因为它们都由两个前提要素得出结论,所以,把这种结构和三段论进行比附也是可以理解的。但是,我们认为这种思路是有问题的,持有这种观点的学者显然在把墨家的“推类”思想分为三个部分,“故”是大前提,“理”是小前提,“辞”是结论,“类”则是一种判断。我们认为“辞”相当于结论,“故”相当于前提是没有问题的,争论也少。争论的焦点是对“理”和“类”的这两个要素的理解,但是,不管“理”和“类”在推理中的作用为何,有一点是肯定的,即“理”和“类”肯定不是结论,它是前提的一部分或者它是这一推理的前提的一个要素。

关于墨家的“推类”结构是否可以与三段论比附的问题,我们认为墨家的“推类”推理机制与三段论完全不同。现在我们就分析这其中的差异。

在不考虑内在的推理内容的前提下,如果我们仅仅考虑推理的外在形式,墨家的“故”“理”“辞”的推理方式确实和三段论是相似的,但是,我们现在要考虑的是这种推理类型是否近似于或者等同于三段论。我们知道三段论是演绎推理中的一种,其有一个大前提(大项和中项构成)、一个小前提

---

① 张纯一校注:《墨子集解》,上海:世界书局1936年版,第396—397页。

(小项和中项构成)和一个结论(小项和大项构成)。显然,这种推理是有着严格的形式标准的,即整个推理仅包含三个概念:大项、中项和小项。要想保证这种推理是有效的,需要考虑概念的多少、是否周延、命题的肯定与否定的问题,即要保证三段论的推理形式正确,就必须遵循以下的规则。

(1)在一个三段论中,有且只有三个不同概念,违反这一规则,就会出现“四概念的错误”。

(2)中项在前提中至少必须周延一次。

(3)在前提中不周延的概念,在结论中也不得周延。

(4)从两个否定的前提推不出结论。

(5)前提中有一个是否定命题,那么结论也一定是否定命题。

(6)两个特称前提推不出结论。

(7)前提有一特称,结论必特称。

但是,墨家的这种“推类”推理机制并没有提出上述这种推理成立的基本原则。先秦墨家提出的推类的三个基本原则是:

> (1)辞以类行;(2)以类取,以类予;(3)异类不比。

显然,从推理有效性的标准来看,墨家的推理结构完全不等同于三段论,因此,我们可以倒推出其推类机制是不一样的。

其次,关于“故”,墨家并没有说“故”就是一个单独的命题,也就是说,墨家说的“故”可能是一个单独命题,也可能是几个命题,因此,这和三段论是不一致的。

当然,我们认为在极其特殊的情况下,墨家的推理结构是满足三段论的,那就是“故”是一个单独命题,且这个命题是由大项和中项构成,“理”这个命题是由小项和中项构成,“辞”这个命题是由小项和大项构成。因此,我们认为墨家的“推类”机制包含三段论,三段论是墨家“推类”的一种极其特殊的结构形式。

先秦墨家提出的“推类”到底指什么?关于这一点,如果墨家能给出一个明确的“推类”定义,那么,争议就会少很多或者没有争议。但是,我们搜遍先秦墨家遗留下来的著作,却找不到任何关于“推类”的明确定义。关于“推类”,先秦墨家遗留的著作中只有《墨经·经下》中的一句:

> 推类之难,说在名之大小。

显然,先秦墨家对于“推类”这一概念是没有明确的定义的。那么,其他学者有没有对这种推理思想进行明确的定义？如果有，也能帮我们解决这一问题。但是，很遗憾，其他的古代学者也没有对此作出明确的界定，他们和墨家一样，仅仅在使用。例如："正名而期，质请而喻，辨异而不过，推类而不悖。听则合文，辨则尽故。"(《荀子·正名》)"类固不必可推知也？"(《吕氏春秋·别类》)"类不可必推。"(《淮南子·说山训》)

为了准确理解这种推理类型，我们还是要回到(TL_1)。显然，墨家所描述的(TL_1)这种推理结构含有"故""理""类"和"辞"四个概念。正如我们上面所述，对于"辞"为结论这个观点，学界基本没有争议，因此，为了能说清楚(TL_1)的内在推理机制，我们只需要明确什么是"故""理""类"，以及它们在"推类"中的作用即可。

1. 关于"故"

墨家指出："故，所得而后成也。"(《墨经·经上》)这句话的意思不难理解：故是引起结果的原因或者根据。为什么会得出"原因"和"根据"这两种说法，我们认为这和古汉语的一词多义有关。因此，根据文本，我们只能先把"故"理解为是根据或原因。值得注意的是，墨家又将"故"分为"大故"和"小故"，并指出"小故，有之不必然，无之必不然"(《墨经·经说上》)，"大故，有之必然，无之必不然"(《墨经·经说上》)。显然，这里的"小故"是必要条件，"大故"则是充分条件。

2. 关于"理"

何为"理"？墨家没有明确说明。从文献上看，墨家在论述"夫辞以故生，以理长，以类行者也。立辞而不明于其所生，妄也。今人非道无所行，虽有强股肱而不明于道，其困也可立而待也。夫辞以类行者也，立辞而不明于其类则必困矣"时，对"理"有过明确的阐释，只不过这种说明是一种比喻。根据一一对应的方法，将"理"阐释为"今人非道无所行，虽有强股肱而不明于道，其困也可立而待也"，将"理"比喻为行人走路的道路。如果把这种比喻义进一步还原，我们很容易想到路径或者准则。因此，我们认为墨家所说的"理"具有路径或者准则的意思。

3. 关于"类"

墨家认为"类"是"同"，"同，重、体、合、类"(《墨经·经上》)，并且是"有以同，类同也"(《墨经·经说上》)。

墨家还专门论述了"不类"，并且指出"不有同，不类也"(《墨经·经说上》)。墨家认为"不类"就是"异"。关于异，《墨经》指出："异，不体、不合、不类。"(《墨经·经上》)

通过墨家对"类"和"不类"的阐释说明，不难发现墨家所指的"类"是具有共同特有属性的事物，我们可以把这种关系理解为“类同”关系。这显然不是外延的类属关系，而是内涵关系，也就是说，墨家的类是从内涵的视角来讨论的。如果是同类，则具有相同的特有属性，可以进行推理，即“止类以行之，说在同”；如果是异类，则具有不相同的特有属性，不可以进行推理，即“异类不毗，说在量”。其实，墨家的“类同”思路暗含了“自然齐一性”的预设，即在自然界中，凡发生一次的事，在相似的情形下不仅将再发生而且会一直发生，因为自然现象彼此间有同时关系和相继关系。因此，遵循相同准则产生和发展的事物肯定是一类，因此才能保证相继出现的是“类同”。

关于墨家“推类”的内在推理机制，有学者把“推类”视为类比推理，张东荪、崔清田[①]等人就持有这种观点，刘培育[②]则认为“推类”内容相当宽泛的推理论证形式，并不就等于类比推理。

关于这一点，我们赞同刘培育先生的观点。从上述解释看，墨家的“推类”与“故”“理”“类”有着密切的关系，同时，墨家认为具有“故”“理”“类”就可以进行一个完整的推理了。在这种推理过程中，“故”是推出“辞”的原因或者根据，“理”和“类”都是推出辞的共支撑条件，晋荣东[③]教授把这种关系理解为担保关系，我们认为这不是担保关系，是共支撑条件。因此，我们可以把(TL_1)这种推理思路进一步刻画为：

(TL_2)一个完备的“推类”过程就是“故”加上确定共支撑条件共同推出“辞”。

那么，如何理解这种推理机制？在墨家眼中，“故”和“类”是紧密相连的。墨子首次提出了“察类明故”，显然，“故”的明确要依靠“类”。那么，“类”在明确“故”时，所起到的作用是其前提？是检验条件？还是限制条件？显然，根据“察类明故”的字面意思，“类”不可能是前提，它更接近检验条件或者限制条件的意思。

其实，按照墨家的文本，“故”和“说”也有着明确的关系。“方不障，说也”（《墨经·经说上》），“说，所以明也”（《墨经·经上》），“以说出故”《墨经·大取》。可以看出，“说”是说明结论“故”的，即“说”是对结论“故”的一个解释。

---

① 张东荪：《知识与文化》，上海：商务印书馆1946年版，第59页；崔清田：《推类：中国逻辑的主导推理类型》，《中州学刊》2004年第3期。

② 中国逻辑学会形式逻辑研究会编：《形式逻辑研究》，北京：北京师范大学出版社1984年版，第256页。

③ 晋荣东：《推类理论与中国古代逻辑特殊性的证成》，《社会科学》2014年第4期。

那么,“说”在明确“故”时,所起到的作用肯定不是前提,而是对“故”的一个明确解释。那么,我们可以如此刻画这种过程:

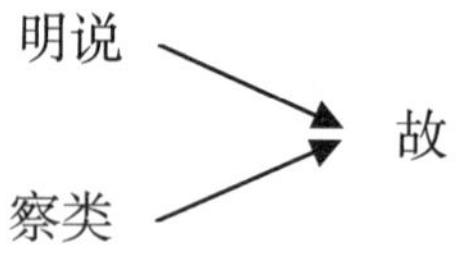

也就是说,“明说”和“察类”是确定“故”的两个前提条件,我们依据“明说”和“察类”可以检验“故”是“大故”还是“小故”。

“理”和“类”是什么关系?根据上文的分析,我们认为“理”也是判断事物“类同”关系的路径或者准则,遵循相同准则产生和发展的事物肯定是一类。因此,“类”可以作为理解“故”的一个基础,“类”是“理”的具体表现形式,“理”和“类”合在一起的作用是“类同准则”。

因此,我们认为“类”有两个作用:第一个作用是对“故”的限制或者检验,即“察类”;第二个作用是对“理”的内在属性的抽象,即“类同准则”。所以墨家才有“夫辞以类行者也,立辞而不明于其类,则必困矣”(《墨子·大取》)的说法。

根据上述分析,我们可以把(TL_2)这种推理机制进一步刻画为:

> (TL_3)一个完备的“推类”就是“故”加上确定的“类同准则”共同推出“辞”,其中,“故”是“大故”还是“小故”要靠“察类”和“明故”来确定。

关于“类同准则”,我们认为其有两层内涵。

其一,如果涵盖某一类的事物全部具有共同的某些特征,那么,这就是一种完全归纳的“类同”,即如果用$\{a_1, a_2, a_3, a_4, a_5, \ldots, a_n\}$穷尽了某一类事物的全部,且它们都具有相同的属性,那么,这就是一种完全归纳的“类同”。这种“类同准则”对“推类”的结论“辞”来说是具有完全有效性的。

其二,如果仅仅涵盖某一类的部分具有某些共同的特征,即如果用$\{a_1, a_2, a_3, a_4, a_5, \ldots, a_n\}$只是穷尽了某一类事物的一部分,且它们都具有相同的属性,那么,这就是一种不完全归纳的“类同”。这种类同准则对“推类”的结论“辞”来说是不具有完全有效性的。

根据这种理解,我们能进一步刻画出“推类”的推理机制。

其一,如果“故”为“大故”,墨家的“推类”具有以下的推理机制:

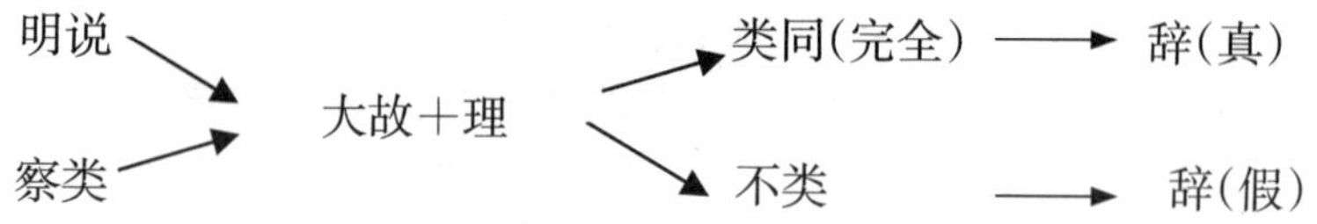

首先，借助于“明说”和“察类”检验“故”，确定是“大故”。其次，如果“理”和“类”共同作用的“类同原则”是完全归纳的“类同”，则结论“辞”为真。这也符合“大故，有之必然，无之必不然”（《墨经·经说上》）。最后，如果“理”和“类”共同作用的“类同原则”是“不类”，根据“异类不比”原则，推不出“辞”，即结论“辞”为假。

其二，如果“故”为“小故”，墨家的“推类”具有以下的推理机制：

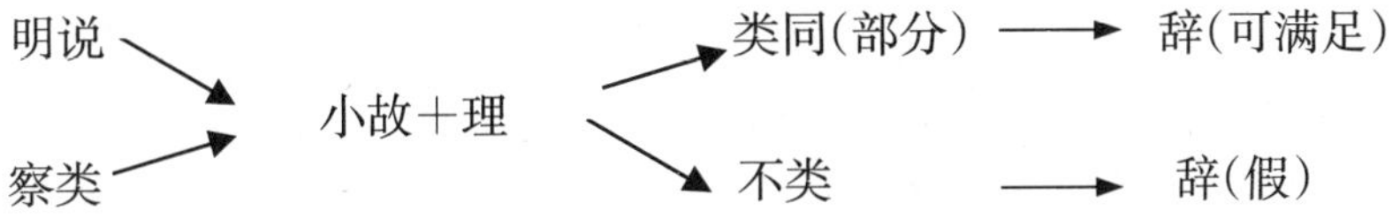

首先，借助于“明说”和“察类”检验“故”，确定是“小故”。其次，如果“理”和“类”共同作用的“类同原则”是不完全归纳的“类同”，则结论“辞”为可满足的。这也符合“小故，有之不必然，无之必不然”（《墨经·经说上》）。最后，如果“理”和“类”共同作用的“类同原则”是“不类”，根据“异类不比”原则，推不出辞，即结论“辞”为假。

这样，我们已经基本刻画出推类的内在推理机制。但是，根据上文，我们知道“故”有两种意思：原因、根据。因此，我们还要从“故”的含义来进一步讨论墨家的这种推理机制。

如果“故”表示原因，这种推类则表示一种因果类比推理。设p为“故”，q为“辞”，如果“故”为“大故”，那么“类同准则”只能是因果律，我们可以表述为：

> （TLG_1）如果q是从p中推出的，当然也就是从p加上相关因果律所推出的。即{p，相关因果律}→q

如果“故”为“小故”，那么“类同准则”只能是偶然因果律，我们可以表述为：

> （TLG_2）如果q是可能从p中推出的，当然也就是从p加上偶然因果律所推出的。即{p，相关偶然因果律}→◇q

如果故表示为根据，这种“推类”则表示为一种类比论证。如果“故”为大故，那么“类同准则”是完全类同，我们可以表述为：

> （TLG_3）如果q是从p中推出的，当然也就是从p加上的完全类同所推出的。即{p，完全类同准则}→q

如果“故”为小故，那么“类同准则”是“不完全类同”，我们可以表述为：

(TLG_4)如果q是可能从p中推出的，当然也就是从p加上不完全类同所推出的。即{p，完全类同准则}→◇q

墨家的这种逻辑思想显然具有自己的特质，和亚里士多德的逻辑有着明显的区别。当然，这两种逻辑思想也有相同之处，即作为逻辑而言，它们的最终目的都是求真的。不同之处在于其外在表现形式是不一样的。墨家这种“推类”推理有以下几个特点。

一是墨家对于某一逻辑概念基本上没有定义，即使有界定，也是模糊的，完全不同于传统西方逻辑的种差加属的严格的概念形式，这造成了我们准确理解上的困难。

二是“故”“理”“类”和“辞”的推理结构以及内在推理机制与三段论并不一致。这种推理结构不完全等同于三段论，不完全等同于类比推理，具有非形式化的特点。

三是“理”和“类”只是保证结论“辞”成立的一个支持条件，即类同准则，它可以用来决定结论“辞”的真假。值得注意的是，这种对结论的真假判断不是借助于单个命题的真假，也不是借助于中项概念的传递性，而是借助于类同原则。

四是类同原则的支撑强度决定了结论“辞”是真的、可满足的或者假的。

综上所述，“类”是逻辑学思想中的一个核心范畴，无论是亚里士多德的逻辑体系还是墨家的逻辑体系，都是以类概念为基础的。德国著名逻辑学家亨利希·肖尔兹就曾经指出：亚里士多德的逻辑是“类的逻辑”[①]。陈孟麟指出：墨家的“效”式推论或者一般说中国古代名辩逻辑也是概念的逻辑和类的逻辑，正因为如此，《墨辩》总结它的逻辑原理为四个字“辞以类行”，所以“类”是《墨辩》逻辑的一个基本范畴。[②]周文英指出：“类”是形式逻辑中的重要概念，是类比的依据，归纳的基础，演绎的前提。[③]温公颐认为：逻辑推理，不论是归纳是演绎或类比，都是基于类的关系进行的，因此，自先秦以来，类始终是逻辑研究的重要范畴。[④]汪奠基认为：根据一般的了解，中国逻辑史上讲“类”的说法很多。公孙龙谓“正举”“狂举”，以“知类”为断，墨辩讲

---

① 〔德〕亨利希·肖尔兹：《简明逻辑史》，北京：商务印书馆1977年版，第34页。

② 陈孟麟：《〈墨辩〉逻辑范畴三题议》，《哲学研究》1978年第11期。

③ 周文英：《中国逻辑思想史稿》，北京：人民出版社1979年版，第56页。

④ 温公颐：《中国中古逻辑史》，上海：上海人民出版社1989年版，第29页。

"类名,类同,类行,推类",荀子讲"统类,别类,比类,伦类",以及孟子由"知类"以至"无类"的说法,都是属于逻辑范围的问题。[①]

"类"在墨辩逻辑中有着重要意义。温公颐认为墨辩逻辑是一种"三物逻辑",并且指出:"'三物'者,即指故、理、类三件东西。"[②]谭戒甫把"辞"提高到与"三物"并列,称为"四物",即"辞、故、理、类"。[③]崔清田也指出:"故""理""类"是实现立"辞"不可或缺的三个因素,是有关推理论证的三个基本范畴,"类"是"三物"之末,又是"三物"的基础,"故"出自"类","理"出自"类",立"辞"的全过程是以"类"为基础和根据的,这即是《墨经·大取》所说的辞"以类行"。类是立"辞"的依据,也是推类的依据。[④]周云之、刘培育也对此作出了详细的论述:事实上,整个墨家都是把逻辑的推论建立在"类"的同异基础上的,"以说出故""以类取""以类予"实际上都是关于"类"的推演或归纳。不了解《墨经》中关于"类"的思想,就不可能正确地理解和分析"以说出故""以类取""以类予"中的逻辑思想。[⑤]吴建国也认为:"类"概念是逻辑学中一个最基本、最核心、最普遍的范畴,它是逻辑学借以产生的基础,因而,它的发生和发展的历史,实际上也是人们逻辑思维发生发展的历史,它的发展阶段,也就是人们逻辑思维发展的阶段。所以,研究"类"概念的发生发展直接关系着逻辑科学产生和形成的过程。[⑥]沈有鼎指出:"类"字在古代中国逻辑思想中占极重要的位置,我们必须给以正确的解释。[⑦]

"类"范畴的发展演变经历了一个漫长的历史过程,它反映了不同时代人类认识的进步以及人类逻辑思维发展的阶段性,它贯穿中国逻辑思想发展的始终,各时期的学者对此都有所探讨。在先秦典籍中,"类"的观念出现得较早。最早的"类",指"兽名",后来逐渐有了"祭祀""善""族类"等含义,但这些都是非逻辑意义上的"类名"。

在春秋时代,"类"的内涵逐渐演变,开始从"族类"扩展为逻辑上的"类名"。孔子、邓析等人的类比推理就是基于对"类"观念的理解,但他们都没有对"类"观念进行直接的阐释。到战国后期,类观念已经相当丰富,除仍然

---

① 汪奠基:《中国逻辑思想史》,上海:上海人民出版社1979年版,第46页。

② 温公颐:《先秦逻辑史》,上海:上海人民出版社1983年版,第115页。

③ 谭戒甫:《墨辩发微》,北京:中华书局1964年版,第240页。

④ 崔清田:《墨家逻辑与亚里士多德逻辑比较研究》,北京:人民出版社2004年版,第106页。

⑤ 周云之、刘培育:《先秦逻辑史》,北京:中国社会科学出版社1984年版,第149—150页。

⑥ 吴建国:《中国逻辑思想史上类概念的发生和发展》,《中国社会科学》1980年第2期。

⑦ 沈有鼎:《墨经的逻辑学》,北京:中国社会科学出版社1980年版,第42页。刘培育:《20世纪名辩与逻辑、因明的比较研究》,《社会科学辑刊》2001年第3期。

作为“族类”外，它已经作为逻辑意义上的“类名”被频繁使用。“类”作为真正意义上的逻辑范畴被自觉运用是从墨家创世人墨子开始的。墨子提出“察类”“明故”的思想，使“类”成为论辩的有力武器。之后的孟子、庄子等思想家进一步发展了墨子的“类”概念，如《孟子·告子上》云：“故凡同类者，举相似也。”《庄子·渔父》曰：“同类相从，同声相应，固天之理也。”但他们有时对“类”概念无限扩大，从而导致“无类”出现。孟子曰：“夫谓非其有而取之者盗也，充类至义之尽也。”(《孟子·万章下》)庄子曰：“类与不类，相与为类，则与彼无以异矣。”(《庄子·齐物论》)他们的这些“无类”的主张，完全否定了墨子的“类”概念。

经过惠施、公孙龙等人对墨子“类”概念的发展，后期墨家才对“类”概念作出了理论上的最高概括。墨家还把这种以“类”为据的推理称为“推类”，如《墨经·经下》曰：“推类之难，说在名之大小。”后来，《荀子·大略》篇中也提到：“辨异而不过，推类而不悖，听则合一，辨则尽故。”由此奠定了推类在中国古代逻辑思想史中的地位。《墨经·经下》曰：“异类不比，说在量。”意思是前提与结论之间必须有同类关系，方能进行具体推理，异类之间是不能进行推理的。后期墨家指出：“三物必具，然后足以生。”又云：“夫辞以故生，以理长，以类行者也。”“夫辞以类行者也，立辞而不明于其类，则必困矣。”(《墨经·大取》)“辞”是逻辑推论的核心部分，而“辞”的生成却和“故”“理”“类”紧密联系，离开“故”“理”“类”就无法形成正确的“辞”。所以“故”“理”“类”是逻辑推论的组织形式。

参考文献

[1]（清）王先谦撰；刘武撰，沈啸寰点校：《庄子集解·庄子集解内篇补正》，北京：中华书局1987年版。

[2]（清）王先谦撰；沈啸寰、王星贤点校：《荀子集解》，北京：中华书局1988年版。

[3]（清）孙诒让著，孙以楷点校：《墨子闲诂》，北京：中华书局1986年版。

[4]（汉）董仲舒著，（清）凌曙注：《春秋繁露》，北京：中华书局1975年版。

[5] 睡虎地秦墓竹简整理小组编：《睡虎地秦墓竹简》，北京：文物出版社1978年版。

[6] 陈孟麟：《墨辩逻辑学》，济南：齐鲁书社1983年版。

[7] 梁启超：《墨经校释》，北京：中华书局1975年版。

[8] 胡适：《中国哲学史大纲》，北京：中华书局1991年版。

[9] 王宪钧：《逻辑史选译》，北京：生活·读书·新知三联书店1961年版。

[10] 温公颐：《先秦逻辑史》，上海：上海人民出版社1983年版。

[11] 杨百顺：《简评外国逻辑史著作中关于中国逻辑的论述》，《国内哲学动态》1981年第3期。

[12] 蒙培元：《论中国传统思维方式的基本特征》，《哲学研究》1988年第7期。

[13]〔德〕黑格尔：《哲学史演讲录》，贺麟等译，北京：生活·读书·新知三联书店1960年版。

[14]〔美〕陈汉生：《中国古代的语言和逻辑》，周云之译，北京：社会科学文献出版社1998年版。

[15]〔英〕葛瑞汉：《论道者：中国古代哲学论辩》，张海宴译，北京：中国社会科学出版社2003年版。

[16] 翟锦程：《先秦名学研究》，天津：天津古籍出版社2004年版。

[17] 董志铁：《名辩艺术与思维逻辑》，北京：中国广播电视出版社2007年版。

[18] 吴克峰：《易学逻辑研究》，北京：人民出版社2005年版。

[19] 王克喜：《古代汉语与中国古代逻辑》，天津：天津人民出版社2000年版。

[20] 张晓芒:《中国古代从“类”范畴到“类”法式的发展演进过程》,《逻辑学研究》2010年第1期。
[21] 黄朝阳:《中外三种类比法的比较研究》,《广东社会科学》2009年第2期。
[22] 刘明明:《从中国古代“类”的观念解读“推类”》,《毕节学院学报》2007年第6期。
[23] 刘邦凡:《中国逻辑与中国传统数学》,香港:香港教育出版社,2004年版。
[24] 张纯一:《墨子集解》,上海:世界书局1936年版。
[25] 张东荪:《知识与文化》,上海:商务印书馆1946年版。
[26] 崔清田:《推类:中国逻辑的主导推理类型》,《中州学刊》2004年第3期。
[27] 中国逻辑学会形式逻辑研究会编:《形式逻辑研究》,北京:北京师范大学出版社1984年版。
[28] 晋荣东:《推类理论与中国古代逻辑特殊性的证成》,《社会科学》2014年第4期。
[29]〔德〕亨利希·肖尔兹:《简明逻辑史》,北京:商务印书馆1977年版。
[30] 陈孟麟:《〈墨辩〉逻辑范畴三题议》,《哲学研究》1978年第11期。
[31] 周文英:《中国逻辑思想史稿》,北京:人民出版社1979年版。
[32] 温公颐:《中国中古逻辑史》,上海:上海人民出版社1989年版。
[33] 汪奠基:《中国逻辑思想史》,上海:上海人民出版社1979年版。
[34] 谭戒甫:《墨辩发微》,北京:中华书局1964年版。
[35] 崔清田:《墨家逻辑与亚里士多德逻辑比较研究》,北京:人民出版社2004年版。
[36] 周云之、刘培育:《先秦逻辑史》,北京:中国社会科学出版社1984年版。
[37] 吴建国:《中国逻辑思想史上类概念的发生和发展》,《中国社会科学》1980年第2期。
[38]沈有鼎:《墨经的逻辑学》,北京:中国社会科学出版社1980年版。
[39] 刘培育:《20世纪名辩与逻辑、因明的比较研究》,《社会科学辑刊》2001年第3期。
[40] Anton Dumitriu: *History of Logic*, Abacus Press, Tunbridge Wells, 1977.
[41] Abraham Marier De Jesus: *The Foundations of Chinese Logic*, The University of British Columbia, B.A., 2007.
[42] Bacon, Francis: *The Advancement of Learning*, Ed. G. W Kitchin, Everyman's Library xi. I, J. M. Dent and Sons, London, 1905.
[43] Benjamin Schwartz: *The World of Thought in Ancient China*, Harvard University Press, Cambridge, 1985.

[44] Bloom, Alfred: *The Linguistic Shaping of Thought: A Study in the Impact of Language on Thinking in China and the West*, Hillsdale, New Jersey, 1981.

[45] Brace, A. G.: *Five Hundred Proverbs Commonly Used in West China*, Commercial Press, Shanghai, 1925.

[46] Bryan Van Norden: *Virtue Ethics and Consequentialism in Early Chinese Philosophy* ,Cambridge University Press, Cambridge, 2007.

[47] Burton, Watson: *Trans. Mo Tzu: Basic Writings*, Columbia University Press, New York, 1963.

[48] Burton, Watson, *Trans. Xunzi: Basic writings*, Columbia University Press, New York, 2003.

[49] Chung—ying Cheng: "Inquiries into Classical Chinese Logic", *Philosophy East and We.st*, 1965(15).

[50] Chmielewski, Janusz: *Notes on Early Chinese Logic I*, 1962.

[51] Chmielewski, Janusz: *Notes on Early Chinese Logic* Ⅱ, 1963.

[52] Chmielewski, Janusz: *Notes on Early Chinese logic* Ⅲ, 1963.

[53] Chmielewski, Janusz: *Notes on Early Chinese logic* Ⅳ, 1965.

[54] Chmielewski, Janusz: *Notes on Early Chinese Logic*, RO, Part tv, 1969.

[55] Chmielewski, Janusz: *The Typological Evolution of the Chinese Language*, 1949.

[56] Cook, Scott: " Xun Zi on Ritual and Music", *Monumenta Serica Journal of Oriental Studies*, 1997.

[57] Dawson, R. (ed.), *The Legacy of China*, Oxford University Press, Oxford, 1964.

[58] Dobson, W. A. C. H: *Late Archaic Chinese* , University of Toronto Press, Toronto, 1959.

[59] Dodds, E. R.: *The Greeks and the Irrational*, Oxford University Press, Oxford, 1951.

[60] Elman, B. A.: *From Philosophy to Philology: Intellectual and Social Aspects of Change in Late Imperial China*, Harvard University Press, Cambridge, 1984.

[61] Eric L.Hutton: *Dao Companion to the Philosophy of Xunzi*, University of Utah, 2018.

[62] Eric L. Hutton: *Xunzi the Complete Text*, Princeton University Press,

Princeton,2016.

[63] Eric L.Hutton:" Moral Reasoning in Aristotle and Xunzi", *Journal of Chinese Philosophy*, 2002.

[64] Fang, Achilles,"Some Reflections on the Difficulty of Translation" In A. F. Wright ed., *Studies in Chinese Thought*,University of Chicago Press, Chicago,1953.

[65] Fraser, Chris:*Language and Logic in the Xunzi. Dao Companions to Chinese Philosophy 7*, 2016.

[66] Fraser,Chris:"Zhuangzi, Xunzi, and the Paradoxical Nature of Education", *Journal of Chinese Philosophy*,2006.

[67] Fraser, Chris:"Language and Ontology in Early Chineese Thought", *Philosophy East&West*,2007.

[68] Fraser,Chris"Happiness in Classical Confucianism: Xunzi",*Philosophy Topics*,2013.

[69] Fraser, Chris:"Mohist",见 SEP.

[70] Fraser, Chris:"School of Names",见 SEP.

[71] Fraser, Chris:"Truth in Moist Dialectics",*Journal of Chinese Philosophy*, 2012(39).

[72] Graham, A. C.:"Two Dialogues in the Kung—sun Lung—Tzu", *AM*, *NS*, 1965(2).

[73] Graham, A. C.: "On Seeing Things as Equal", *History of Religions*, 1970.

[74] Graham, A. C.:"Later Mohist Logic, Ethics and Science", The Chinese University Press and the School of Oriental & African Studies, Albany,London & Hong Kong,1978.

[75 Graham, A. C.: *Yin—Yang and the Nature of Correlative Thinking, Institute of East Asian Philosophies Occasional Paper and Monograph Series, no. 6*, Singapore, 1986.

[76] Graham, A. C.: *Studies in Chinese Philosophy and Philosophical Literature, Institute of East Asian Philosophies Occasional Paper and Monograph Series, no. 3*, Singapore, 1986.

[77] Graham,A C.: *Disputers of the Dao: Philosophical Argument in Ancient China*, Open Court Publishing Company, 1989.

[78] Graham, A C., *Studies in Chinese Philosophy and Philosophical Literature*, State University of New York Press, Albany,1990.

[79] Granet, Marcel: "Quelques Particularités de la Langue et de la Pensée Chinoise", in his *Etudes Sociologiques Surla Chine*, PUF, Paris, 1920.

[80] Granet, Marcel: *La Pensée Chinoise*, Albin Michel, Paris, 1934.

[81] Giles, Herbert A.: *A Chinese—English Dictionary*, Quaritch, London, and Kelly and Walsh, Shanghai, Hong Kong, Yokohama and Singapore, 1892.

[82] Nakamura, Hajime : *The Ways of Thinking of Eastern Peoples*, Japanese Government Publications, Tokyo, 1960.

[83] Hansen, Chad: "Ancient Chinese theories of language", *Journal of Chinese philosophy* , 1975(23).

[84] Hansen, Chad: *Language and Logic in Ancient China*, The University of Michigan Press, 1983.

[85] Hansen, Chad: "Chinese Language, Chinese Philosophy, and 'Truth'", *Journal of Asian Studies*, no. 3 .1985(44).

[86] Hansen, Chad: "Response to Bao Zhiming", *Philosophy East and West*, 1985(354).

[87] Hansen, Chad: *A Daoist Theory of Chinese Thought*, Oxford University Press, New York, 1992.

[88] Hansen, Chad: " Proglegomena to Ffuture Solutions to 'White—Horse not Horse'", *Journal of Chinese philosophy*, 2007.

[89] Harbsmeier: Christoph, *Aspects of Classical Chinese Syntax*, Curzon Press, London, 1981.

[90] Harbsmeier, Christoph: " The Mass Noun Hypothesis and the Part—whole Analysis of the White Horse Dialogue", In Henry Rosemont Jr.ed. *Chinese Texts and Philosophical Contexts: Essays Dedicated to Angus C. Graham*, Open Court Publishing, La Salle, 1991.

[91] Harbsmeier, Christoph: *Logic and Language in Traditional China*, Cambridge University Press, 1998.

[92] Harbsmeier, Christoph: "Xunzi and the Problem of Impersonal First Person Pronouns", *Early China*, 1997.

[93] Hargen, Kurtis: *Philosophers of the Warring States*, Broadview Press, 2018.

[94] Hargen, Kurtis: *The philosophy of xunzi: A Reconstruction*, Open Court Publishing Company, 2007.

[95] Hargen, Kurtis:" Xunzi's Use of Zhengming: Naming as Aconstructive Project", *Asian Philosophy*, 2002.

[96] Hargen, Kurtis: *Xunzi and the Prudence of Dao: Desire as the Motive to Become Good, Dao Companions to Chinese Philosophy*, 2011.

[97] Jane Geaney: *What Is Ming 名? "Name" Not "Word", Dao Companions to Chinese Philosophy 7*, 2016.

[98] Joachim Kurtz: *The Discovery of Chinese Logic*, Brill Academic Pub, 2011.

[99] Kennedy, George Alexander: *Selected Works*, Yale University, Far Eastern Publications, New Haven, 1964.

[100] Karlgren, Bernhard: *The Authority of Chinese Texts*, BMFEA, 1929.

[101] Kneale, William& Kneale, Martha: *The Development of Logic*, Oxford University Press, Oxford, 1962.

[102] Knoblock, John:" The Chronology of Xunzi's Works", *Early China*, 1983.

[103] Lau, D. C.: *Confucius: The Analects*, Bilingual Edition, Chinese Universi ty Press, Hong Kong, 1983.

[104] Leslie, Donald: *Argument by Contradiction in Pre—Buddhist Chinese Reasoning*, Australian National University Press, Canberra, 1964.

[105] Lewis, David: *Papers in Philosophical Logic*, Cambridge University Press, Cambridge, 1998.

[106] Lewis, David: *Parts of Classes*, Blackwell, Oxford, 1991.

[107] Lloyd, Geoffrey E.R.: *Polarity and Analogy*, Cambridge University Press, Cambridge, 1966.

[108] Lukasiewicz, Jan: *Aristotle's Syllogistic From the Standpoint of Modern Formal Logic*, 2nd Enlarged Edition, Oxford University Press, Oxford, 1957.

[109] Lucas, Thierry:" Hui Shih and Kung Sun Lung an Approach From Contemporary Logic", Dinlogue Publishing Cornpan: Honolulu, Hawaii, U.S.A.*Journal of Chinese Philosophy*, 1993 (20).

[110] Lucas, Thierry:" Later Mohist Logic, Lei, Classes, and Sorts", *Journal of Chinese philosophy*, 2005(323).

[111] Willman, Marshall: "Logic and Language in Early Chinese Philosophy", 见SEP.

[112] Munro, Donald: *The Concept of Man in Early China*, Stanford University Press, Stanford, 1939.

[113] Mou, Bo.: "The Structure of the Chinese Language and Ontological Insights: a Collective—noun Hypothesis", *Philosophy East and West*, 1999(491).

[114] Mou, Bo.: *Naming, Reference and Truth, Dao Companions to Chinese Philosophy 12*, 2020.

[115] Mou, Bo.: A Double Reference Account: Gongsong Long's "White-horse-not-horse" Thesis, *Journal of Chinese philosophy*, 2007(344).

[116] Goodman, Nelson: "The Problem of Counterfactual Conditionals", *The Journal of Philosophy*, Vol.44, 1947.

[117] Paul R. Goldin: *Rituals of the Way: The Philosophy of Xunzi*, Open Court, LaSalle, 1999.

[118] Paul R. Goldin: "Xun Zi", 见 SEP.

[119] Philip J. Ivanhoe : *One View of the Language—Thought Debate: A Review of "Language and Logic in Ancient China"*, Universty of Michigan, 1983.

[120] Quine, W. V. O.: *The Philosophy of Logic, 2nd Ed*, Harvard University Press, Cambridge, 1986.

[121] Puett, Michael: *To Become a God: Cosmology, Sacrifice, and Self-Divinization in 103 Early China*, Harvard University Asia Centre for the HarvardYenching Institute, Cambridge (Mass), 2002.

[122] Quine, W. V. O.: *Word and Object*, MIT Press, Cambridge, Mass, 1969.

[123] Quirk R et al.: *A Comprehensive Grammar of the English Language*, Longman, London, 1985.

[124] Roetz, Heiner: " Validity in chou Thought: on Chad Hansen and the Pragmatic Turn in Sinology", In *Epistemological Issues in Classical Chinese Philosophy*, ed. by Hans Lenk and Gregor Paul, State University of New York Press, Albany, 1993.

[125] Robert Brandom: *Making It Explicit*, Harvard University Press, Cambridge, 1994.

[126] Robins, Dan: "Mass Nouns and Count Nouns in Classical Chinese", *Early China*, 2000(25).

[127] Robins, Dan: "The Later Mohists and Logic", *History & Philosophy of Logic*, 2010, 31(3).

[128] Spence, J. D.: *The Memory Palace of Matteo Ricci*, Penguin, Harmondsworth, 1986.

[129] Searle, J. R.: *Speech Acts*, Cambridge University Press, Cambridge, 1970.

[130] Solomon, Bernard S.: "The Assumptions of Hui-tzû", *MS*, 1969(28).

[131] Solomon, Bernard S.: *On the School of Names in Ancient China*, Sankt Augustin, 2013.

[132] Simon, Walter: "Has the Chinese Language Parts of Speech?", *Transactions of the Philological Society*, London, 1937.

[133] Van Norden, Bryan W.: *Virtue ethics and consequentialism in Early Chinese Philosophy*, Cambridge University Press, Cambridge, 2007.

[134] Watters, T.: *Essays on the Chinese Language*, Presbyterian Mission Press, Shanghai, 1889.

[135] Webb, John: *An Historical Essay Endeavouring a Probability That the Language of the Empire of China is the Primitive Language*, N. Brook, London, 1669.

[136] Wilkins, John: "Mercury, or the Secret and Swift Messenger", *Foundations of Semiotics*, 1641(6).